"十二五"普通高等教育本科国家级规划教材

纳米材料化学简明教程

汪 信 刘孝恒 编著

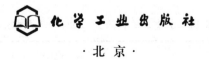

化学工业出版社

·北京·

作者结合自己多年的教学和科研积累，同时注意学习、借鉴国内外先进经验，并在作者之前的专著、教材基础上，编写了本教材。书中介绍了一些与纳米材料有关的知识，涉及无机化学、物理化学、有机化学、生物化学和高分子化学等学科，故可称为纳米材料化学。本书具有以下 3 个特点：

（1）知识介绍的系统性——书中内容基本覆盖了纳米材料研究中所关注的主要领域，最后还有纳米材料科技论文英文撰写方面的知识介绍；

（2）知识介绍的梯度性——既有较多基础性的知识介绍，也有部分科研新进展、新概念等提高性的内容；

（3）知识介绍的趣味性——注重形象化比喻，并时常引入人文科学、美学等方面的知识，各章均附有一些相关插图。

本书可作材料和其他相关专业的教科书或教学参考书，适合硕士、博士研究生和高年级本科生的学习，每章均有习题和思考题，并附有参考答案。

最后还需要指出的是，为方便课堂教学、课程学习，本书附有图文并茂、内容丰富的 ppt 文件，共计 400 多页，可满足 2 学分的课堂教学和课程学习。作为本教材的重要组成部分，这些电子文档中的内容主要来自于纸质教材，同时还有其他补充，该电子课件形式也不拘泥于纸质教材。

图书在版编目（CIP）数据

纳米材料化学简明教程/汪信，刘孝恒编著. —北京：化学工业出版社，2014.1（2024.9重印）
"十二五"普通高等教育本科国家级规划教材
ISBN 978-7-122-19414-5

Ⅰ.①纳… Ⅱ.①汪…②刘… Ⅲ.①纳米材料-应用化学-高等学校-教材 Ⅳ.①TB383

中国版本图书馆 CIP 数据核字（2014）第 000439 号

责任编辑：杨　菁　李玉晖　　　　　　文字编辑：徐雪华
责任校对：陶燕华　　　　　　　　　　装帧设计：史利平

出版发行：化学工业出版社（北京市东城区青年湖南街 13 号　邮政编码 100011）
印　　装：北京天宇星印刷厂
787mm×1092mm　1/16　印张 14　字数 339 千字　2024 年 9 月北京第 1 版第 6 次印刷

购书咨询：010-64518888　　　　　　售后服务：010-64518899
网　　址：http://www.cip.com.cn
凡购买本书，如有缺损质量问题，本社销售中心负责调换。

定　　价：45.00 元　　　　　　　　　　　　　　　　版权所有　违者必究

前　言

化学是研究物质组成、制备、结构、性质和应用的科学，是一门历史悠久、知识体系相对完整的基础学科。随着时间的推移，化学自身在不断发展，同时又和其他学科相互交叉，相互促进，不断形成新的生长点，特别是近十多年来，化学学科的发展主要有三大特点。

1　传统化学的延伸

传统化学的一些领域如今在维持自身特色的同时，不断向新的难度和高度拓展。例如，新型药物等新型有机化合物的结构设计和合成一直是有机化学家所关注的热点，在复杂手性化合物的合成研究工作中，最近又出现了所谓的"双 20 方向"，即所合成目标产物的结构向着庞大化、复杂化方向发展，每个分子中的原子个数达到或超出 20，相应的合成路线往往也在 20 个步骤左右。图 1 为一合成步骤数目与中间产物、最终产物得率关系的示意图，它显示出当合成线路达到 20 余步时，对于一成功的合成而言，产物的最终得率仅为百分之几，通常以毫克单位计算，因而，解决合成化学中的步骤长、过程复杂问题，不仅具有理论意义，而且与其应用和商业价值密切相关。

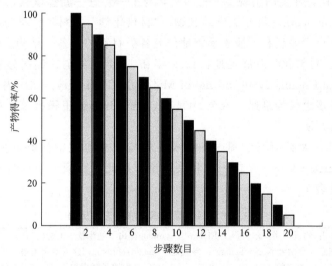

图 1　多步骤有机合成的步骤数目与产物得率关系

2　化学向生命科学的延伸

生命科学的发展已超出医学、生物领域，与化学、物理、计算机、甚至数学等学科紧密结合。化学原理、化学手段在蛋白质、DNA 等的研究中是必不可少的，近年来诺贝尔化学奖（如 2004 年）常颁发给在这些领域中作出杰出贡献的科学家。值得关注的是，在传统的四大化学教科书中，仅有有机化学以较少的篇幅介绍了糖类、蛋白质、核酸等的内容，这些章节通常也不作为化学基础课中的重点教学内容，显然不能适应化学学科向生命科学延伸的发展趋势。

图 2 为一长链 Pt 配合物与 DNA 相互作用的示意图，尽管多年来 Pt 配合物已用于治疗癌症，但其作用机理一直在探索之中。随着近期基因研究的迅速发展，配合物与 DNA 相互结合、作用的研究已向定量、可控制方向发展。

$$1,1/t,t(n=6)$$
1

$$1,0,1/t,t,t(n=6)$$
BBR3464

配合物具体结构

图 2　配合物与 DNA 作用示意图

3　化学与材料科学的结合

20 世纪 60 年代，在美国出现了"材料科学与工程"这一新型学科，不久又创办了 Materials Science&Engineering 等相关学术刊物。"材料化学"是材料科学与传统化学这两大学科的结合，以基本化学原理和手段去系统地研究各类材料的制备、结构、性质及应用的交叉学科。近 20 年来，材料化学发展迅速，1989 年和 1991 年美国、英国分别创办了著名的学术刊物 Materials of Chemistry 和 Journal of Materials Chemistry。在国内，近十多年来材料化学科研、教育发展也较为迅速，截至 2004 年，已经开办或正积极筹办材料化学本科专业的高等学校已达百余所。

与此同时，另一大类新兴学科——纳米科学与技术也在悄然兴起并快速发展，根据 2004 年英国 Chemistry World 杂志中的相关评论，在此可回顾纳米科技发展的里程碑事件及基本轨迹，详见表 1。

表 1　纳米科学与技术发展的主要历程

1959 年	美国学者、物理学诺贝尔奖得主 Richard Feynman 提出了纳米技术概念的雏形
1974 年	日本东京大学学者 Norio Taniguchi 等确定了"nanotechnology"这一专用术语
1981 年	IBM 瑞士实验室的 Gerd Binnig 和 Heinrich Rohrer 发明了隧道扫描显微镜(STM)
1985 年	C_{60} 及富勒烯被发现
1986 年	Gerd Binnig, Christoph Gerber 和 Calvin Quate 发明了原子力显微镜(AFM)
1986 年	Gerd Binnig 和 Heinrich Rohrer 因发明 STM 获诺贝尔物理学奖
1987 年	Charles Pedersen, Donald Cram 和 Jean-Marie Lehn 因在超分子领域的自组装研究获诺贝尔化学奖
1991 年	日本 NEC 公司的 Sumio Iijima 制备出碳纳米管
1996 年	Richard Smalley, Harry Kroto 和 Bob Curl 因发现 C_{60} 获诺贝尔化学奖
1997 年	Paul Boyer, John Walker 和 Jens Skou 因对纳米生物机器的研究获诺贝尔化学奖
21 世纪	全面进入蓬勃发展阶段

纳米科学与技术所追求的目标之一是，实现已为人类所普遍使用的宏观、大型机械设备的超微型化。与宏观机械设备的制造一样，这些超微型机器设备的制造也必须建立在价廉物美的原材料基础上。如想象中的几何尺寸在微米级的潜水艇可用于治疗人类的癌症等疑难疾

病，当此类潜水艇在人体中游弋时，它的动力系统、对癌细胞的探测系统——超微型计算机和攻击系统——超微型导弹都应是由几何尺寸更小的"纳米器件"构成的，这就不难理解纳米科技的前期与基础性工作——纳米材料研究的广泛性与重要性了，因为人类要首先制备出上述潜水艇所需的纳米芯片、纳米导线、纳米发动机等。图3为瑞士科学家Grumelard等新近制备出的一种纳米管道，该管道系高分子物质制成，具有柔性，可注水。

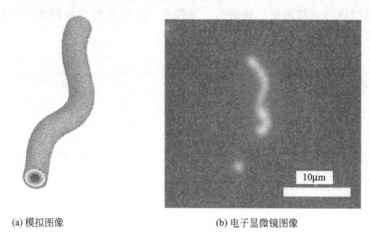

<table>
<tr><td>(a) 模拟图像</td><td>(b) 电子显微镜图像</td></tr>
</table>

图 3   一种新型高分子纳米管

可以预料，类似于金属材料（如钢铁）、无机材料（如水泥、陶瓷）、高分子材料（如塑料、化纤），大批量、低成本的纳米材料的生产，最终将依靠化学手段解决。因而，研究纳米材料与化学之间的内在联系，归纳化学在纳米材料研究中的基础性作用是极其必要的。

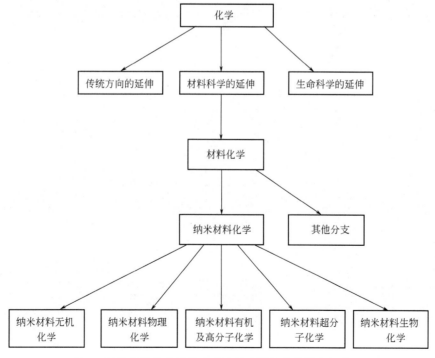

图 4   近代化学的发展趋向以及纳米材料在化学中的渗透

本书选取了近期国内外相关研究成果，并结合我们自己的研究工作，努力使读者较为全面、深刻地理解化学学科中的各主要分支在纳米材料研究领域中的具体应用。

　　图 4 反映出我们对目前化学发展趋势的思考，纳米材料研究的迅速崛起有力地推动了化学的发展，纳米材料化学可谓是一门新上加新的学科专业，虽然处于初级阶段，却已形成了一个庞大的知识体系，覆盖了近代化学中的几乎每一个主要领域。由于编著者学识有限，在此教材编写过程中，难以一一顾及众多知识体系，疏漏和错误在所难免，敬请读者指教。另外，编著者还要特别感谢陆路德、杨绪杰、朱俊武、江晓红等多位教授在此教材编写过程中予以的多方面帮助和支持。

编著者

目　录

0 绪论 纳米科技及发展简史

0.1 纳米科技与纳米材料

纳米（nm）是长度单位，$1nm=10^{-9}m$，大约相当于头发粗细的万分之一。

首先，让我们来理解一下纳米科学技术与纳米材料之间的关系，一般说来，科学是通过基础理论研究和应用基础研究而体现出来的知识体系，而技术建立在科学之上，科学研究展示出了大自然的无穷奥妙，技术则是实现人类顺应、利用、改造自然的具体手段。

图 0-1 现代化工业生产常见流程

在当今社会，很多情况下可见图 0-1 所示的现代化工业生产过程，即先把材料（materials）转化为器件（devices），再生产出市场化的商品（goods）。

例如，汽车这种最终市场化的商品，它的一个生产流程（图 0-2）是，将钢材制成一种器件——轴承，轴承最后用于汽车的拼装。这样的实例还有很多，如计算机这种在市场上销售的产品，它的心脏是中央处理器（CPU），这种器件制备所需关键材料是硅。

材料　　　　　　　　　　器件　　　　　　　　　　商品

图 0-2 现代化工业生产常见流程示例——汽车生产的一个环节

现在和将来利用纳米科技生产商品也是如此，图 0-3 为一潜水艇的示意图，它的长度传统上为数十米及以上。如今，纳米科技追寻的最崇高目标之一是纳米机器的制造，这些纳米机器有望用于医疗、军事等多个领域。纳米潜水艇就是一个典型的设想，纳米潜水艇等纳米机器的尺寸一般可控制在微米级，而它的组成器件——发动机、导航系统、攻击系统和计算机等是纳米级的，而这些器件是要靠纳米材料来制备的，比如近期最基本的工作是制备纳米导线。

由此可见，纳米材料与钢铁、塑料、混凝土等传统材料一样，是人类社会生存和未来发展所必需的重要物质基础。纳米材料特殊的力学、磁学、电学、热学、光学和生物学等性能决定了此类材料可广泛地用于高力学性能环境、光热吸收、非线性光学、磁记录、特殊导体、分子筛、超微复合材料、催化剂、热交换材料、敏感元件、烧结助剂、润滑剂和医学等

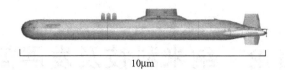

10μm

图 0-3　传统潜水艇的微型化设想

众多领域。

0.2　从诺贝尔奖中寻觅纳米科技发展的踪迹

表 0-1 列出了从 1915 年到 2010 年的部分诺贝尔奖，从中可以寻觅到纳米科技发展的踪迹。

表 0-1　纳米科技与部分诺贝尔奖

1915 年	本年度诺贝尔物理学奖授予 William Bragg 和 Lawrence Bragg，以表彰他们对 X 射线晶体学研究做出的贡献。
1932 年	Irving Langmuir 因在表面化学领域的出色研究工作获诺贝尔化学奖。
1962 年	Francis Crick，James Watson 和 Maurice Wilkins 等 3 人因出色的 DNA 的结构研究工作而获得诺贝尔医学奖。
1965 年	Richard Feynman 等人因在量子电动力学领域的出色研究工作获诺贝尔物理学奖。他最早提出了纳米技术的概念。
1973 年	Brian Josephson 因成功预言约瑟夫逊效应获诺贝尔物理学奖。
1982 年	Aaron Klug 因从事电子显微镜观察烟草花叶病毒等的研究获诺贝尔化学奖。
1986 年	Ernst Ruska 因在电子显微镜研究中的杰出贡献获诺贝尔物理学奖。
1986 年	Cerd Binnig 和 Heinrich Rohrer 因发明 STM 获诺贝尔物理学奖。
1987 年	Charles Pedersen，Donald Cram 和 Jean-Marie Lehn 等 3 人因在有机化学、超分子化学领域的出色研究工作获诺贝尔化学奖。
1996 年	Richard Smalley，Harry Kroto 和 Bob Curl 等 3 人因发现 C_{60} 获诺贝尔化学奖。
1997 年	Paul Boyer，John Walker 和 Jens Skou 等 3 人因对纳米生物机器的研究获诺贝尔化学奖。
2000 年	Allan MacDiarmid，Hideki Shirakawa 和 Allan Heeger 等 3 人因发现导电高分子获诺贝尔化学奖。
2002 年	John B. Fenn，Koichi Tanaka 和 Kurt Wüthrich 等 3 人因在生物大分子结构表征研究中的出色工作而获得诺贝尔化学奖。
2003 年	Peter Agre 和 Roderick MacKinnon 分别发现了细胞膜水通道，以及对离子通道的研究作出了开创性贡献而获得诺贝尔化学奖。
2007 年	本年度诺贝尔物理学奖授予 Albert Fert 和 Peter Grünberg，以表彰他们对发现巨磁电阻效应所做的贡献。
2008 年	Harald zur Hausen，Françoise Barré-Sinoussi 和 Luc Montagnier 等 3 人因分别发现导致艾滋病与宫颈癌的病毒而获得诺贝尔医学奖。
2010 年	Andre Geim 和 Konstantin Novoselov 因石墨烯的研究获诺贝尔物理学奖。

费曼（R. P. Feynman）（图 0-4），美国的一些机构已将他与爱因斯坦、居里夫人、费米等并称为世界上最伟大的科学家，这不完全是因为费曼与 1965 年获得了诺贝尔物理学奖。实际上，费曼是个全才，除了在物理学方面颇有造诣之外，他还是个教育家、音乐家。在生命的最后几年里，费曼作为调查组负责人，成功破析了 1986 年发生的"挑战者"号航天飞机爆炸事故的原因。早在 1959 年，费曼就设想："如果有一天人们可以按照自己的意志排列原子和分子，那会产生什么样的奇迹！"，"毫无疑问，如果我们对细微尺度的事物加以控制的话，将大大扩充我们可以获得物性的范围"，他首次提出了"纳米"材料的概念。今天，纳米科技的发展使费曼的预言已逐步成为现实。纳米材料的奇特物性正对人们的生活和社会的发展产生重要的影响。

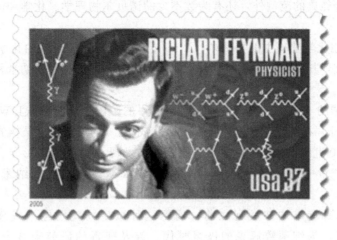

图 0-4　美国 2005 年发行了纪念费曼的邮票

　　至于 X 射线衍射技术（XRD）与纳米科技的关系，可以这样理解，其一，XRD 技术为 DNA 双螺旋结构的发现提供了关键性的支撑，而 DNA 又与纳米科技有着密切的联系；其二，XRD 技术先已成为纳米材料研究的必备手段之一，同时近些年来纳米材料研究的快速发展也进一步丰富了 XRD 的内涵。

　　非常值得一提的是，在纳米材料研究热出现的前期，即 1982 年，英国化学家 Aaron Klug 因从事电子显微镜观察烟草花叶病毒等的研究获得了当年的诺贝尔化学奖。应该说，在纳米材料研究的进程中，这也是一不该忘记的重大事件（图 0-5）。

　　1986 年诺贝尔物理学奖在纳米科技界一直为人们所津津乐道，但人们常常只会更多地关注宾尼希（G. Binnig）和罗雷尔（H. Rohrer），这两位物理学家发明了扫描隧道显微镜（STM）。实际上，1986 年度的诺贝尔物理学奖同时展示出了纳米科技发展史上两个里程碑的事件，它们都涉及超越光学显微镜，寻求对微观世界进行更加有效观察的技术。除了 STM 的发明之外，当年另一位获奖者鲁斯卡（E. Ruska）是电子显微镜研究的开拓者之一，他从 20 世纪 20 年代就开展了这项研究工作，并设计出了世界上第一台电子显微镜。如今，包括扫描电子显微镜（SEM）和透射电子显微镜（TEM）在内的电子显微技术已成为纳米科技研究中必不可少的工具。

图 0-5　1982 年诺贝尔化
学奖纪念邮票

　　1985 年克鲁托（H. W. Kroto）与斯莫利（R. E. Smalley）、柯尔（R. F. Curl）一起，发现了碳元素新的同素异形体——C_{60}，这不仅标志着一门新型碳化学的诞生，更为重要的是这个新发现为纳米材料的研究进行了一次实质性的奠基，这三人于 1996 年获得了诺贝尔化学奖。

　　除了上述十分经典的范例外，还有为数不少的诺贝尔物理学、化学和医学奖与纳米科技有关，例如：

　　1932 年诺贝尔化学奖得主朗格缪尔（I. Langmuir）是美国著名的化学家，一生中取得了众多的学术成就，其中的分子吸附、分子薄膜等理论已广泛应用于纳米材料的制备和结构表征研究。

　　1953 年，英国的 Nature 杂志刊登了年仅 25 岁的美国学者沃森（J. Watson）和英国学者克里克（F. Crick）在英国剑桥大学合作的研究成果：DNA 双螺旋结构的分子模型，这一成果后来被誉为 20 世纪以来生物学领域中最伟大的发现，他们于 1962 年获得了诺贝尔医学奖。在本书的第 7 章中，大家将能充分体会到 DNA 双螺旋结构与纳米科技之间的紧密关系。

　　早在 DNA 双螺旋结构被发现之前，病毒这种微生物就已经被发现。但在 19 世纪末到 20 世纪早期，为细菌致病说的极盛时代，涉及病毒的研究未被予以高度重视。直到 20 世纪中后期，病毒的研究逐渐形成热潮，并在 60 年代后数次获得诺贝尔奖医学奖，最近的一次为 2008 年度的诺贝尔医学奖，来自法国和德国的 3 名科学家因发现导致艾滋病与宫颈癌的病毒而获此殊荣。如今，病毒业已成为医学和生物纳米科技研究领域所关注的热点。

　　1962 年，年仅 22 岁的英国剑桥大学研究生约瑟夫逊（B. Josephson）预言：自然界可能存在电子能通过两块超导体之间薄绝缘层的量子隧道效应。该预言不久便被证实，并被称作约瑟夫逊效应，他本人也获得 1973 年度诺贝尔物理学奖。之后纳米技术的诞生与迅速发展在很大程度上得益与有关量子隧道效应的基础研究。

　　1987 年诺贝尔化学奖授予美国化学家彼德森（C. J. Pedersen）、克拉姆（D. J. Cram）教授和法国化学家莱恩（J. M. Lehn）教授 3 人，表彰他们先后发现和研究了一类具有特殊结构和性质的环状化合物——冠醚，揭示超分子化学领域的奥秘。如今，超分子化学已是纳米材料研究中一非常重要的内容。

　　2000 年诺贝尔化学奖授予美国科学家黑格（A. J. Heeger）、马克迪尔米德（A. G. MacDiarmid）和日本科学家白川英树（H. Shirakawa），以表彰他们有关导电聚合物的发现。这项奠基性和开创性的科学成果使导电高分子材料和有机半导体材料发展成为了材料科学基础研究中的一个重要的研究领域。时隔不到 10 年，这项研究成果已成功播种在高分子纳米材料制备、高分子纳米器件等研究领域，并不断结出硕果。

　　2002 年和 2003 年连续两年的诺贝尔化学奖都与生物大分子有关，前者表彰了获奖者分别采用质谱和核磁共振手段，在测定蛋白质等生物大分子结构方面作出的突出贡献；后者表彰了获奖者发现由蛋白质构成的细胞膜水通道的研究工作，以及他们对离子通道结构和机理研究作出的开创性贡献。尽管目前还未十分清楚地看出这两项研究成果与纳米科技的直接关系，但蛋白质，DNA 等生物大分子与纳米科技、纳米材料之间的高度关联性，已为越来越多的科技界人士所认知。

　　在纳米科技研究快速发展的同时，与之相关的怀疑和争论一时不绝于耳，其中一个焦点问题就是纳米科技是否真的存在像研究者所夸耀的使用价值，随着时光的流逝，这些疑问正逐渐地被消除。2007 年诺贝尔物理学奖颁发给了法国科学家费尔（A. Fert）和德国科学家格林贝格尔（P. Grünberg），这两名科学家获奖的原因是先后独立发现了"巨磁电阻"效应，根据这一效应开发的小型大容量计算机硬盘已得到广泛应用，瑞典皇家科学院在评价这项成就时表示，该诺贝尔物理学奖主要奖励"用于读取硬盘数据的技术"。这项技术也被认为是"前途广阔的纳米技术领域的首批实际应用之一"。这正应验了那段名言：众里寻她千百度；蓦然回首，那人却在灯火阑珊处。特别是最近，2010 年的诺贝尔物理学奖更是把纳米材料的研究推向了新的高潮。

0.3 从全球性一些重要科技期刊的发展史看纳米材料研究的旺盛活力

包括化学、物理等学科在内的经典学科历史悠久，以近代化学为例，它已有约 250 年左右的历史；材料科学与工程是 20 世纪 60 年代初诞生的学科，距今已有 50 年的历史；而建立在纳米材料基础之上的纳米科技，其历史也就 20 余年。如果将以上 250，50 和 20 这 3 组数字分别同除以 3，得到的结论是：化学已是年过 80 的老人；材料学科是朝气蓬勃的青年人；纳米材料则是一名儿童（图 0-6）。正像老年人与年轻人各有所长，应相互学习一样，包括纳米材料在内的材料学科的发展已从化学等传统学科中汲取了丰富的营养，反之，化学依托这些新兴学科也使自身青春焕发。其典型的实例是，在这样的大背景下，美国、英国等欧美国家都争相创办了各自的材料化学学术期刊，并普遍取得成功（见表 0-2）。

化学　　　　　　　　　材料　　　　　　　　纳米材料

图 0-6　经典学科与新兴学科的年龄

表 0-2 进一步应验了有关图 0-6 的讨论，从中可以看出，当今公认的化学类著名刊物，其历史已跨越 3 个世纪；材料类的经典性和强影响力的刊物普遍尚处于青壮年期；而在短短的近十年中，全球学术界和出版界正是意识到纳米科技研究的极其重要的价值，国际性相关期刊陆续诞生，并迅速成长为极富影响力的刊物，在包括表 0-2 中所列各类纳米科技期刊（也包括其他众多的物理、化学、材料类科技期刊）中，大多数目前研究的主要内容还是纳米材料的基础研究。

表 0-2　一些重要科技期刊的创办年代

涉及领域	期刊名称	创办年代	2012 年影响因子
化学	*Journal of the American Chemical Society*	1879	10.677
	Angewandte Chemie	1887	13.455
材料科学	*Materials Science and Engineering* A	1960s	2.108
	Advanced Materials	1989	13.877
	Advanced Functional Materials	1992	10.179
	Langmuir	1985	4.186
	Chemistry of Materials	1989	7.286
	Journal of Materials Chemistry	1991	5.968
纳米材料	*Nano Letters*	2001	13.198
	Journal of Physical Chemistry C	2007	4.805
	ACS Nano	2007	10.774
	Small	2005	8.349
	Nature Materials	2002	32.841
	Nature Nanotechnology	2006	27.27
	Nanoscale	2009	5.914

0.4　纳米材料学是一年轻但具有深厚积淀的学科

　　综上所述，对纳米科技起着决定性支撑作用的纳米材料学是一既年轻又年迈的学科，说他年轻，是因为纳米材料也只是近 20 年左右才真正形成自己的学科体系，同时纳米材料的存在已有悠久的历史。现已发现，历经千年的青铜器表面（图 0-7）可以是基本完好无损，光整如新的，这正是由于一层二氧化锡纳米晶粒构成的耐蚀防锈的膜层的存在；在西安秦兵马俑博物馆中，兵马俑隔墙截面（图 0-8）上的黑色粉末是古时战乱火灾留下的，这黑色粉末中是应该含有石墨烯基本结构的。

图 0-7　青铜器的表面

隔墙

图 0-8　秦兵马俑与隔墙

　　本书除了涉及纳米材料的基本概念外，还将主要介绍纳米材料与化学各分支学科关联性的问题，故统称为纳米材料学。由于这是一个十分庞大的知识体系，我们也只能努力凭借自己的积累和见识来完成该书的写作，难免有疏忽、遗漏甚至错误之处。

思考题与习题

1. 结合表 0-1，查阅上述与诺贝尔物理学、化学和医学奖有关网站的详细内容。
2. 综观近代科学技术的发展历史，"科技研究、科技竞争中有吃不完的后悔药"几乎成为一句名言。结合本课程的学习，举出有关实例一个并说明自己从中得到的体会。

3. 科学研究中"逆向思维"往往对相关工作的突破起着举足轻重的作用，结合本课程举一例说明并谈谈自己从中得到的体会。

4. 纳米技术所追求的最崇高目标是什么？

5. 有人预言，总体尺寸大致等同于蚊子、苍蝇般大小的纳米飞行器因具有侦察、攻击能力，未来可用于军事等领域。提出一种设想，如何防止此类纳米飞行器的入侵？

6. 秦始皇兵马俑许多彩绘层在出土后几分钟内就脱落了，十分可惜，因此我们现在看到的兵马俑都是灰色的。研究表明，这些彩色颜料并不和陶俑的表面直接接触，而是先在其表面打上底漆，再在底漆上涂敷彩色颜料，由于底漆层含有纳米微孔，可储存水分，以保持底漆层与陶俑表面的牢固接触。当兵马俑出土后，北方干燥的空气导致微孔中的水分快速蒸发，继而彩绘层脱落。令人感到高兴的是，最近科技工作者已找到了防止彩绘层脱落的方法。

通过此文的阅读，谈谈有关感想。

参 考 文 献

[1] 与诺贝尔物理学奖有关的网站：http：//nobelprize. org/nobel _ prizes/physics/laureates/
[2] 与诺贝尔化学奖有关的网站：http：//nobelprize. org/nobel _ prizes/chemistry/laureates/
[3] 与诺贝尔医学奖有关的网站：http：//nobelprize. org/nobel _ prizes/medicine/laureates/
[4] 张立德，牟季美. 纳米材料和纳米结构. 北京：科学出版社，2002.

第1章 纳米材料的重要特性

本章中所介绍的内容多半是学习纳米材料的入门性知识，目前很多专著都从不同角度进行了论述。本书作者在学习、借鉴他人先进经验的基础上，结合自己多年的教学积累，对纳米材料的重要特性这一基础性章节进行了撰写。

1.1 纳米材料与纳米结构

本节中将主要介绍纳米材料的定义，以及纳米材料的质量评价的内容。

1.1.1 关于纳米材料与纳米结构

纳米材料：在纳米尺度（0.1～100nm）内调控物质结构制成的具有特异性能的材料。

如图 1-1(a) 所示，在该定义中，纳米尺度的下限为原子或分子尺寸，纳米尺度的上限一般为 100nm，这样的划分可从以表 1-1 中找出原因。当然，纳米尺度范围的确定不是十分严谨的，涉及纳米材料定义的另一个重要概念是，纳米材料（nanomaterials）应具有宏观材料（bulkmaterials）所不具有特异性能，如果能满足这一点，几何尺寸超出 100nm 的材料也属于纳米材料，反之，如果几何尺寸低于 100nm 的材料特性不明显，那也不一定属于纳米材料。

纳米结构是一与纳米材料密切相关的概念。当有些材料的自身尺寸超出 100nm 很多，甚至达到微米级时，该材料中的一些亚结构或精细结构（如孔穴、层、通道等等）仍在纳米尺度范围内，具有一些纳米材料的特性，我们称之为具有纳米结构的材料。在图 1-1(b) 中，4A 分子筛的整体尺寸是很大的，但其中含有 0.4nm 直径的微孔［图 1-1(c)］。

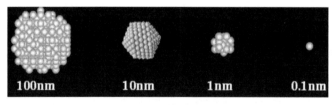

(a) 纳米尺度的上下限

(b) 4A分子筛样品(图中上方为1元硬币)

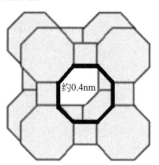

(c) 4A分子筛的纳米结构

图 1-1 纳米材料与纳米结构

1.1.2　纳米材料的微结构及品质评价

　　纳米材料的微结构（microstructure）主要包括这些内容：颗粒大小（size）、颗粒的分散程度（dispersion）、颗粒大小的均匀性（homogeneity）、颗粒的几何形状或形貌（morphology）、颗粒排布的取向性（orientation）、颗粒的结晶问题以及颗粒的表面结构等，这方面的一些内容见图 1-2 至图 1-5，进一步深入性的内容后续章节还将出现。其中图 1-5 中规律性图案的形成与第 8 章中介绍的自组装概念有关。

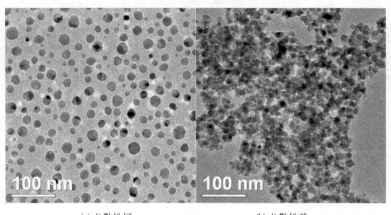

(a) 分散性好　　　　　　　　　　　　　(b) 分散性差

图 1-2　分散性好和分散性差的纳米粒子

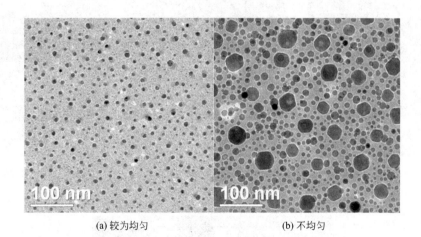

(a) 较为均匀　　　　　　　　　　　　　(b) 不均匀

图 1-3　颗粒大小较为均匀和不均匀的纳米粒子

　　上述纳米材料的微结构问题也多半与纳米材料的品质评价有关，例如，颗粒合适的尺寸和几何形状、优良的分散性、均一性不仅是纳米材料研究中审美上的需要，更重要的还是这些微结构能够充分显示出纳米材料的一些重要的特性，包括表面效应、量子点功能等。但世界万事万物总有两面性，比如，纳米材料有时是需要团聚（aggregation）的，如生物学中的蛋白质构象问题（见第 7 章），还有纳米材料在电极等电子器件中是不能过于分散的，否则会影响其导电能力。

　　如何控制纳米材料的微结构和品质，是纳米材料研究中的一大关键问题，我们将在下一章纳米材料的制备方法中加以介绍。

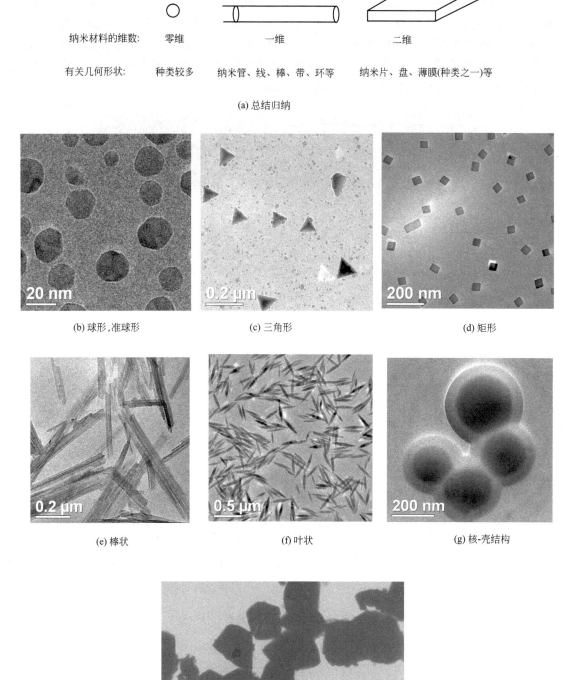

(a) 总结归纳

(b) 球形,准球形　　　　　　　(c) 三角形　　　　　　　(d) 矩形

(e) 棒状　　　　　　　　(f) 叶状　　　　　　　(g) 核-壳结构

(h) 片状

图 1-4　纳米粒子的一些几何形状和形貌

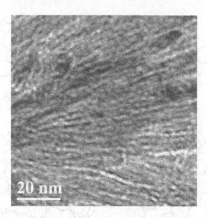

图 1-5　纳米颗粒排布的取向性——纳米线的有序排列产生层状结构

1.2　重要特性

现已发现纳米材料的多种重要特性，本节中将要介绍的内容包括：表面与界面效应、小尺寸效应、量子尺寸效应、宏观量子隧道效应及其有关特性所引发的光学性能。

1.2.1　表面与界面效应

在人类长期的科技活动中，人们已经意识到，表面、界面科学所研究的是包括从宏观到微观的相界面问题。如今，无论是在科学研究中还是在工业应用上，表、界面现象均已有了极其广泛的应用，涉及的材料或研究领域包括吸附与分离、催化、薄膜、泡沫乳状液、润湿功能等。

随着纳米材料研究的快速发展，使之对材料表面与界面效应的关注又上升到一个新的高度，极大地丰富了表面与界面科学的内涵。

1.2.1.1　纳米颗粒具有较多的表面原子

图 1-6 和图 1-7 中都可以大致看出，纳米材料的一个结构特征是，纳米颗粒具有较多的表面原子。表 1-1 为部分统计结果，当颗粒在大约 4nm 以下时，纳米颗粒具有较多的表面原子（30%～50%），随着纳米颗粒直径的增加，表面原子百分比急剧下降，当达到纳米尺度的上限 100nm 时，表面原子仅占 2% 左右。

表 1-1　纳米微粒尺寸与表面原子数的关系

纳米微粒直径/nm	一个纳米微粒包含的总原子数	微粒表面原子所占比例
100	3000000	2%
10	30000	20%
4	4000	40%
2	250	80%
1	30	99%

图 1-8 为一些不同晶型的纳米颗粒表面原子所占份额的理论标定结果，该标定方法采用了晶体学中的基础知识。图 1-8 所涉及的颗粒直径大约在 5nm 以下，该图给出的一个有意义的结果是，颗粒直径相同时，表面原子所占份额与颗粒所属晶型（或原子堆积方式）有关，其中立方八面体最小，正四面体最大。有关此图的进一步分析，见第 4 章内容。

图 1-6　纳米颗粒与表面原子

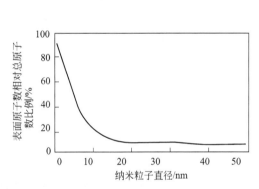

图 1-7　纳米粒子直径与表面
原子所占比例的定性描述

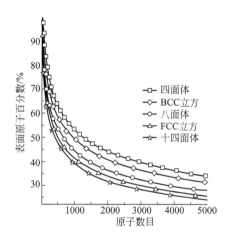

图 1-8　不同晶型的纳米颗粒
表面原子所占份额的标定

1.2.1.2　纳米材料具有很大的表面积和高的表面能

先看这道例题，把边长为 1cm 的立方体被逐渐分割成若干更小的立方体时，表面积将如何变化？

变化情况在表 1-2 中。

表 1-2　边长为 1cm 的立方体被逐渐分割后的表面积变化

边长/m	立方体数目	表面积为原先的倍数
1×10^{-2}	1	1
1×10^{-3}	10^3	10
1×10^{-5}	10^9	10^3
1×10^{-7}	10^{15}	10^5
1×10^{-9}	10^{21}	10^7

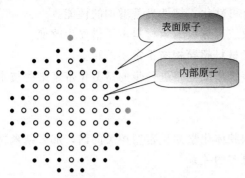

图 1-9　纳米表面与界面效应的核心内容

显然，把一定大小的物体分割得越小，则分散度越高，所得表面积将有惊人的增加。

至此，就不难理解为什么纳米微粒具有很高的表面能了，在等温等压条件下，表面能与纳米粒子的表面积成正比。纳米材料因自身颗粒具有巨大的表面积，而带有巨大的表面能量，从而导致纳米颗粒一些物理、化学和生物等性能的不稳定。

我们已讨论了纳米材料的表面与界面效应，纳米粒子具有较大的表面积和表面能。图 1-9 展示了纳米表面与界面效应的实质，很明显，该图中实心圆的原子近邻配位很不完全（这还涉及纳米材料晶体表面的缺陷问题，见第 4 章等处），所以具有很高的物理、化学活性。

1.2.2　小尺寸效应

1.2.2.1　关于小尺寸效应

小尺寸效应是，随着颗粒尺寸的量变最终引起颗粒性质发生质变而产生众多"异常"现象的统称。

当颗粒的尺寸迅速变小，小到大致等同于光波波长，磁交换长度，磁畴壁宽度，传导电子德布罗意波长，超导态相干长度等物理特征长度甚至更小时，原有晶体周期性边界条件被破坏，众多的物理性能也就极有可能产生质的变化，表现出新奇的效应，如从磁有序变为磁无序，磁矫顽力变化，金属等材料的熔点下降，陶瓷材料脆性消失等，统称为小尺寸效应。

1.2.2.2　小尺寸效应对纳米材料性质的影响

小尺寸效应可对纳米材料性质带来多方面的影响，其中包括：

（1）特殊的光学性质　小尺寸效应可带来一些纳米材料光学性质的特殊变化，相关分析已列入本章中 1.2.5 节。

（2）特殊的热学性质

受小尺寸效应的影响，一些纳米微粒的熔点（图 1-10）、烧结温度和晶化温度均比常规粉体低得

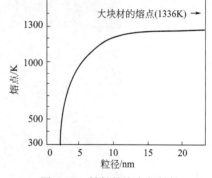

图 1-10　材料的熔点与材料自身颗粒大小的关系

多。也有学者认为，图 1-10 中的展示的实验规律是纳米材料多重效应造成的（类似的情况还有纳米材料的磁学性能等）。

从表 1-3 中可以看出，有些材料纳米化后热学性质的变化是较为显著，乃至是惊人的。

表 1-3　一些金属纳米粒子的熔点

种　类	正常熔点/℃	纳米化后的熔点/℃
Cu	1053	750(40nm)
Ag	690	100
Au	1064	327(2nm)

（3）特殊的磁学性质　包括超顺磁性问题，各向异性能和高矫顽力等内容。纳米材料的磁性是纳米材料所具有的十分重要的性质之一，第 5 章中将专门讨论。

（4）特殊的力学性质　一些纳米陶瓷材料具有可软化，韧性显著增加的性能。

（5）特殊的声学性质　有研究表明，小尺寸效应可导致纳米材料声子谱发生改变。

（6）特殊的超导性质　小尺寸效应可产生纳米材料超导相向正常相的转变。

（7）复杂的微电子学问题　小尺寸效应可给传统集成电路进一步的微型化带来某些技术障碍，见第 6 章。

1.2.3　量子尺寸效应

如果说，纳米材料的表面与界面效应的内容同胶体化学知识密切相关的话，那么纳米材料的量子尺寸效应则与固体物理、量子力学等有更多的关系。

1.2.3.1　量子概念与能级

首先来了解量子的概念，在量子力学中，某一物理量的变化不是连续的，称为量子化。

例如，各种元素都具有自己特定的光谱线，如氢原子和钠原子分立的光谱线，光谱产生原理的形象分析通常采用能级示意图。

与量子力学对应的是经典力学，它的特征是，物理量的变化是连续的。图 1-11 较为形象地描绘和区分了这两种物理概念。

图 1-11 中的楼梯在量子力学中被描述为能级，通过能级间隔的大小可定性或定量区分导体、半导体和绝缘体，定性区分见图 1-12，定量区分应用了能隙概念（E_g），见第 6 章。

图 1-11　经典力学与量子力学的形象的化区分

图中左侧：无障碍通道——经典力学；图中右侧：正常楼梯——量子力学

图 1-12　描述导体、半导体和绝缘体的能级示意图

图 1-12 为描述材料导电能力的示意图，其导电能力取决于导带和价带之间的间隔大小，此间隔常称为禁带宽度，在纳米材料研究领域称为能隙。

1.2.3.2　量子尺寸效应

量子尺寸效应为，当粒子尺寸下降到超细和纳米尺度时，金属费米能级附近的电子能级由准连续变为离散能级的现象，如图 1-13 所示。纳米半导体微粒存在不连续的最高被占据分子轨道（HOMO）和最低未被占据的分子轨道能级（LUMO），量子尺寸效应可使能隙明显变宽。

图 1-13　金属的量子尺寸效应示意图

1.2.3.3　量子尺寸效应对纳米材料性能的影响

量子尺寸效应导致纳米微粒的磁、光、声、热、电以及超导电性与宏观特性有着显著的不同。

按照能带理论，金属的费米能级附近电子能级一般是连续的，但这一观点只有在高温或宏观尺寸情况下才成立。相反，对于只有有限个导电电子的纳米粒子来说，低温下能级是离散的。

现由著名的久保公式分析如下：

$$\delta = \frac{4}{3}\frac{E_F}{N} \propto V^{-1}$$

式中，δ 为能级间的距离；E_F 为费米能级能量；N 为颗粒中导电电子数；V 为颗粒的体积。

对于宏观物体包含无限个原子（即导电电子数 $N \to \infty$）。可得能级间距 $\delta \to 0$，即对大粒子或宏观物体的能级间距离趋于零。

相反，对于纳米微粒，由于每个颗粒所包含原子数有限，N 值很小，这就导致 δ 有一定的值，即能级间距发生分裂。

当 δ 值大于热能（$k_B T$）、静磁能（$\mu_0 \mu_B H$）、静电能（edE）、光子能量（$h\nu$）或超导态的凝聚能时，就应该要考虑量子尺寸效应，因为此时会导致纳米微粒磁、光、声、热、电以及超导电性等与宏观特性有着显著的不同。

例如，当温度为 1K 时，Ag 纳米微粒粒径＜14nm 时，Ag 纳米颗粒变为金属绝缘体。计算分析如下：

求 Ag 微粒在 1K 时的临界粒径 d_0（Ag 的电子密度 $n = N/V = 6 \times 10^{22}/\text{cm}^3$），由久保公式（$m$ 为电子质量）

$$\delta = \frac{4}{3}\frac{E_F}{N} \propto V^{-1}$$

$$E_F = \frac{\hbar^2}{2m} \cdot (3\pi^2 n)^{2/3}$$

得到

$$\delta/k_B = (1.45 \times 10^{-18})/V \qquad （单位：\text{K} \cdot \text{cm}^{-3}）$$

如果取 $\delta/k_B=1$，可求出 $V=1.45\times10^{-18}\ cm^3$，再利用球体的体积公式求得 $d_0=14nm$。依照久保理论，只有当 $\delta>k_BT$ 时才能产生能级分裂，从而出现量子尺寸效应，即

$$\delta/k_B=(1.45\times10^{-18})/V>1$$

另外，还要满足电子寿命 $\tau>\hbar/\delta$ 的条件。

这时，可以得出，当粒径 $d_0<14nm$，Ag 纳米颗粒变为绝缘体，如果温度高于 1K，则要求 $d_0\ll14nm$ 才有可能变为绝缘体。

以上为理论推断，已有实验表明，纳米 Ag 颗粒确实具有很高的电阻，类似于绝缘体。

关于金属银可能变为绝缘体的研究，着实给人以科研中"逆向思维"的启迪，毕竟"金属银是电的良导体"这一观念已根深蒂固了。这就像当年导电高分子被发现一样，但导电高分子的研究之所以获得诺贝尔化学奖，不仅仅是因为有"逆向思维"的因素，更重要的是，导电高分子的后续研究表明，导电高分子在电子器件等领域有着十分重要和广阔的应用前景。

1.2.4　宏观量子隧道效应

纳米材料除了具有以上表面与界面、小尺寸和量子尺寸等三大特性之外，还具有其他多种特性，在此介绍宏观量子隧道效应。

首先来看什么是量子隧道效应，微观粒子具有贯穿势垒的能力称为隧道效应。当微观粒子的运动遇到一个高于粒子能量的势垒时，在经典力学中该粒子是不能够越过该势垒的。然而，在量子力学中可以得到粒子透过势垒的波函数，这表明粒子具有一定的穿越势垒的概率。产生量子隧道效应的微观粒子不仅包括电子、原子和分子等基本粒子，还包括纳米粒子。

这一微观的量子隧道效应可以在一些宏观物理量中得以体现，例如电流强度、磁化强度、磁通量等，称之为宏观量子隧道效应。

宏观量子隧道效应研究的意义是多方面的，在纳米材料领域，重要的研究工具 STM（扫描隧道显微镜）的工作原理与它有关，这一点在第 3 章中还将继续讨论；宏观量子隧道效应还决定了未来微电子器件的极限，即它既限制了微电子器件进一步微型化的几何尺度，又限制了颗粒记录密度。

1.2.5　纳米材料的可见光谱学

纳米材料的光学性能在纳米材料研究中具有举足轻重的地位，这是因为它所覆盖的范围已超出光学领域，涉及电子、生物等学科。纳米材料的光学特性往往和上述多种纳米材料的特性有关，包括小尺寸效应、量子尺寸效应等。

1.2.5.1　纳米材料对光的吸收（absorbing）

首先来看这样的问题：黄金一定是黄的么？这个问题的解答涉及纳米材料的特性。实际上，从 17 世纪到 19 世纪欧洲科学家的一些研究记载和报道中就可以发现，金的颗粒在胶体状态下，自身的颜色是可变的，如变成紫红、深红等。现在看来，金的颜色之所以发生变化是与金颗粒的大小、分散状态和表面结构等多种因素有关。

当颗粒的尺寸向亚微和纳米级时转化时，各种金属颗粒的几乎都可发生变化，其极限颜色呈黑色，系由纳米或超细金属颗粒对可见光的全吸收所导致。这就是所说的纳米材料具有的强吸收率、低反射率。

例如，铂金纳米粒子的反射率可达 1%；金属银常况下是银白色的，但超细时是黑色

的，黑白照片和医用 X 光片上的影像都是由超细银颗粒构成的。

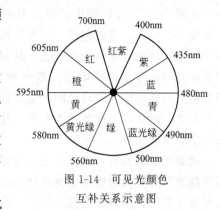

图 1-14　可见光颜色
互补关系示意图

此时的显色机制为可见光颜色互补机理，当可见光照射到纳米材料上时，某波长的光被物体吸收了，则物体显示的颜色（反射光或透射光）为该色光的补色。如图 1-14 所示，当金为紫红色时，它吸收了可见光中的绿光。目前，服装、建筑、家具、车辆等表面涂装用染料、颜料的显色机理主要基于此。

另外，有研究表明纳米氮化硅、碳化硅及三氧化二铝对红外光都有一个宽频带强吸收谱。

1.2.5.2　纳米材料对光的散射（scattering）

丁达尔效应是物理化学胶体章节中重要的内容。如今，人们已经充分认识到，胶体化学是纳米材料研究非常重要的理论基础，纳米材料一些重要概念的建立依托于胶体化学中经典的理论和成熟的思想。

胶体是一种分散系（分散系由分散剂和分散质构成），当分散质粒子直径在 1～100nm 之间时，构成的分散系为胶体。也可以这样认为，胶体是一种分散质粒子直径介于粗分散体系和溶液之间的一类分散体系，它是一种高度分散的多相不均匀体系。显然，纳米微粒即为胶体中的分散质，一些液溶胶、气溶胶和固溶胶可理解为纳米微粒分别分散在液相、气相和固相时形成的分散系。

如果让一束聚集的光线通过分散物系，在入射光的垂直方向上可以看到一个发光的圆锥体（图 1-15）。当液溶胶和气溶胶中的分散质微粒满足以下条件时，可产生丁达尔效应：直径一般不超过 100nm，小于可见光波长（400～700nm）；微粒在溶胶中具有高分散性。因此，当可见光透过溶胶时就会产生明显的散射作用——丁达尔效应。

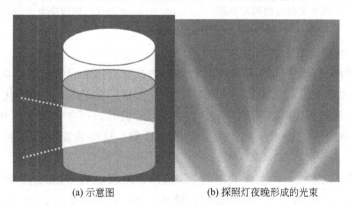

(a) 示意图　　　　　　(b) 探照灯夜晚形成的光束

图 1-15　丁达尔效应

1.2.5.3　纳米材料的荧光（PL）

目前，PL（photofluorescence）已成为纳米材料研究中最为重要的光谱手段之一，荧光的基本概念是，从激发态分子衰变为自旋多重度相同的基态或低激发态时，光的受激发射现象，所发射出光的波长等于或大于原激发光的波长。其中，所发射出光的波长大于原激发光波长的现象更为常见（图 1-16）。

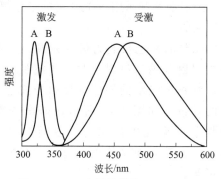

从图 1-17 中可以看出，荧光等的产生伴随着一些复杂的过程，主要包括：①内转换；②振动弛豫；③系间跨跃；④外转换。这 4 种分子去活化过程对荧光等的发生的影响是：竞争和干扰。在此，我们最关心的是荧光和磷光的产生，前者与单线激发态有关；后者与三线激发态有关（能级中的电子自旋状态见图 1-18）。

图 1-16　PL 光谱的激发（excitation）与受激（emission）发光

就磷光过程而言，由于三线态寿命较长，发生振动弛豫及外转换的概率也明显增高，失去激发能的可能性更大，所以在室温条件下一般很难观察到溶液中的磷光现象。为了克服这一困难，人们已采用液氮冷冻试样，以降低有关去活化效应，最终成功观察到一些分子的磷光现象。

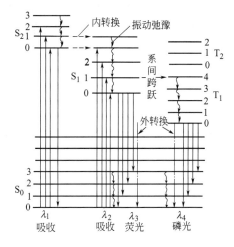

图 1-17　分子吸收和发射过程的能级图

（S_0：分子基态；S_1，S_2，T_1，T_2：分子的各种激发态）

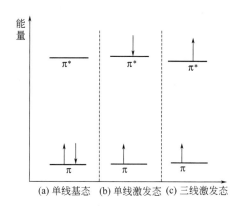

图 1-18　能级中电子自旋状态示意图

过去，人们所关心的荧光和磷光效应主要集中在有机化学和生物等领域。如今，一些过去被认为无明显荧光效应的无机物（如 Cd，Zn 等元素的化合物），纳米化后其荧光、磷光效应可大大增强，即当这些纳米微粒的尺寸小到一定值时，可在一定波长的光激发下发光，有研究表明这是载流子的量子限域效应引起的。目前，这些研究在纳米材料领域中被称为 PL 性能研究。

图 1-19 为研究纳米 CdSe 生长过程的 PL 谱图，结果表明 CdSe 纳米颗粒的尺寸变化对 PL 谱有敏感的响应，在每 5min 的间隔内，随着 CdSe 颗粒的生长，PL 发射峰都产生明显的红移。

图 1-20 为纳米 ZnO 可见光区 PL 光谱的低温增强的实验结果，该谱图中共包括两个 PL 光谱区域，在 3.3eV 附近为 UV 光区，其峰强度对温度的依赖不是十分明显；反之，在 1.7eV 附近的可见光区，PL 峰强度随温度的降低有十分明显的提高。

值得关注的是，在纳米材料研究中，由此延伸出来的一大研究热点是量子点（quantum dot，简称 QD）的概念，图 1-21 中描述了量子点的含义及其功能：在良好分散状况下，一

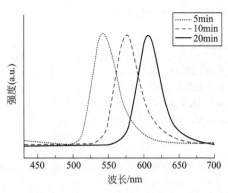

图 1-19　纳米 CdSe 生长的 PL 光谱研究

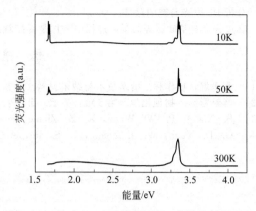

图 1-20　纳米 ZnO 可见光区 PL 光谱的低温增强

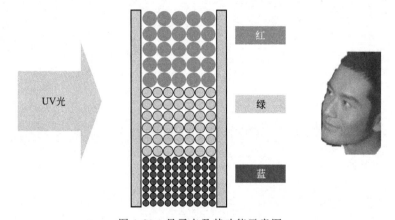

图 1-21　量子点及其功能示意图

些纳米粒子（直径可低至几纳米）的 PL 效应不仅可以通过仪器检测到，而且还可以通过人的眼睛观察到。量子点尤其令人感兴趣的一个现象是，在其他条件不变时，同种纳米粒子仅仅是改变其直径，其自身发出的颜色也会改变。

我们将在第 7 章中进一步讨论量子点的问题。

现在，可从本小节（1.2.5 节）中介绍的 3 种情形去充分理解纳米材料的显色机制：其一、黄金颜色随自身颗粒尺寸发生变化，为人们所比较熟悉的可见光颜色互补机理；其二、丁达尔效应，胶体或纳米粒子对光散射作用的结果；其三、PL 发光，主要基于电子能级的光致二次发光。

还需指出的是，涉及纳米材料的光谱学不仅仅是在可见光范围内，还包括 X 射线、紫外、红外、无线电电波等电磁波范围，其中有些内容将出现在本书的后续部分。

思考题与习题

1. 为什么有人把纳米材料说成介观材料？
2. 边长为 1m 的立方体，如果被"切"成众多边长为 100nm 的小立方体，其总的表面积将变成原先的多少倍？
3. 纳米尺度的上限一般为 100nm，试从本章表 1-1 中找出这样划分的原因。
4. 为什么金属纳米粒子在空气中可能会自燃？
5. 金属纳米粒子的量子尺寸效应可能带来什么结果？
6. 如何区分材料的显色机制。

7. 分析 PL 发光研究的意义。

8. 在过去专业基础课等的学习过程中，你是否接触过与纳米材料特性有关的内容？

参 考 文 献

[1] 张志焜，崔作林. 纳米技术与纳米材料. 北京：国防工业出版社，2000.

[2] 傅献彩等. 物理化学. 第 5 版：下册. 北京：高等教育出版社，2008.

[3] B. Xiang，P. W. Wang，X. Z. Zhang，et al. *Nano Lett.*，2007，7：323.

[4] G. D. Yuan，W. J. Zhang，J. S. Jie，et al. *Nano Lett.*，2008，8：2591.

第 2 章　纳米材料的制备

在包括纳米材料在内的材料科学与技术研究等领域，材料的制备往往是首当其冲的，显然，如果无法获得所需材料，那么该材料的一系列后续研究将无从谈起。本章将较为全面地介绍纳米材料的多种制备方法。

2.1　关于纳米材料的制备

在第 1 章的思考题 2 中，涉及将边长为 1m 的立方体"切"成边长为 100nm 的小立方体，这原本是物理化学中胶体部分一道经典的思考题，其实对该问题的认识也道出了宏观物体或材料向纳米材料转化的科学原理，表明胶体化学与纳米材料两者间紧密的关联性。该思考题中的"切"之所以使用双引号，实为它包含了纳米材料研究领域的一个重要内容——纳米材料的制备。纳米材料的制备手段众多，也有不同的分类，如从大变小（如上述思考体中的"切"，可通过机械研磨实现）和从小变大这两大类方法，后者是较为常用的方法，包含晶体的生长及控制，这些控制手段主要来源于物理方法和化学方法（图 2-1）。

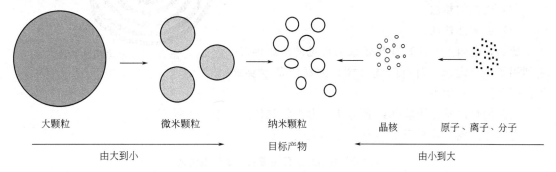

图 2-1　制备纳米材料的两个基本过程

在图 2-2 中，我们从能量转移的主要方式这一角度出发，进行纳米材料制备方法的分类，这其中已经包含了目前已经报道的纳米材料制备的重要方法。

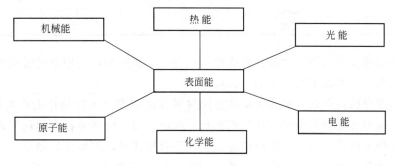

图 2-2　从能量转移的主要方式进行纳米材料制备方法的分类

当然，纳米材料制备的方法已有很多。下面将主要介绍一些常用的、重要的和较为成熟的纳米材料制备的物理和化学方法，当然，对纳米材料物理和化学方法制备的分类，目前没有严格的区分和界限，划分是大体上的，并有不同的观点。

2.2　物理方法制备纳米材料

物理方法制备纳米材料既有以物理变化为主的过程，也有物理、化学变化共同构成的过程。但此类方法共同的特征可用 3 个"充分利用"来概括：充分利用了热能等多种形式的能量，如紫外光乃至 γ 射线的辐照诱导反应等等；充分利用了温度、压力、真空、结晶等多种物理因素，如非晶晶化、冷冻干燥和超临界流体干燥等等；充分利用了多种专门设计的反应装置。以下将对一些重要和常见的物理方法制备纳米材料内容做介绍。

2.2.1　应用特殊的加热手段

包括纳米材料在内的一些材料制备时，往往需要较高的热能，这可通过多种物理手段实现，较为常见的包括：

（1）电阻丝（棒）加热法；

（2）等离子喷射加热法；

（3）高频感应加热法；

（4）电子束加热法；

（5）激光束加热法；

（6）电弧加热法；

（7）微波加热法。

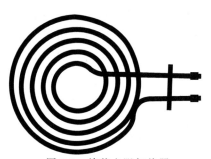

图 2-3　旋状电阻加热器

比如，电阻丝（棒）加热是最为常见的加热手段，它利用了焦耳定律，对电阻丝（棒）的材质基本要求是：高电阻，高熔点。

电阻加热法常使用旋状或者舟状的电阻发热体，如图 2-3 所示。

电阻加热器主要材质类型及性能列入表 2-1。

表 2-1　电阻加热器主要材质类型及性能

类型划分	常用材料	加热温度上限/℃
金属类	铁铬系列	1300
	钼,钨,铂	1800
非金属类	SiC	1500
	$MoSi_2$	1700
	石墨	3000

又如，高频感应加热是一种较为先进的加热方法，原理为：利用电磁感应现象产生的热来加热反应体系，这类似于变压器的热损耗。

此种加热手段的特点是，利用了某些金属材料在高频交变电磁场中会产生涡流的原理，通过感应的涡流对金属器件内部直接进行加热。因此，加热时并不存在加热元件的能量转换过程，故无转换效率低的问题；加热电源与工件不直接接触，因而无传导损耗；加热电源的感应线圈自身发热量极低，不会因过热毁损线圈，使用寿命长；加热温度均匀，升温迅速，工作效率高。

激光束、微波等加热法也较为常用，前者还可用于微、纳米结构的刻蚀。

此处所介绍的各种加热手段，本书的后续部分还将遇到一些。

2.2.2　气体冷凝法

1984 年，德国萨尔大学（University of Saar-brucken）的 H. Gleiter 教授等人首先报道了气体冷凝法制备金属纳米粒子的工作。基本原理如图 2-4 所示，在高真空室内，导入一定压力的 Ar 等保护性气体，当在高温下金属原料蒸发后，金属原子和原子簇（cluster）可重新凝聚在冷凝装置的表面，产物颗粒尺寸可以通过调节蒸发温度、气体压力等手段进行控制，当产物在冷凝装置的表面形成蓬松体时，可被刮下，粉体落至漏斗进入产品收集系统。

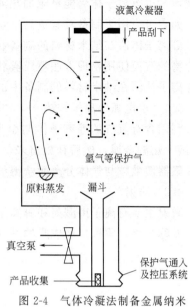

图 2-4　气体冷凝法制备金属纳米粒子的基本原理

气体冷凝法制备的超微颗粒具有如下优点：①产品的纯度高；②产物颗粒小，最小的可以制备出粒径为 2nm 的颗粒；③产物粒径分布窄；④产物具有良好结晶和清洁表面；⑤产品粒度易于控制等，在理论上适用于任何被蒸发的元素以及化合物。

此方法适用于纳米薄膜和纳米粉体的制备。

图 2-5 为国内研制的纳米金属制备的实验装置，采用电弧法加热。

图 2-5　纳米金属制备与受控凝固系统

2.2.3　等离子体法

前面刚提到的纳米材料气体冷凝法制备尽管有很多优点，但也存在不足。气体冷凝法只适用于 Cu，Al，Zn，Ag 等熔点相对较低金属，以及易升华二元无机化合物纳米粒子的制备，难以用于具有更高熔点金属纳米粒子等的制备。等离子体（plasma）是气体电离后形成的体系（在此，"等"的含义为：体系中电离产生的正负电荷的绝对值相等），由于气体电离常需要吸收较多的外界能量（如电能），因此等离子体可构成一个高能量体系。依托等离子体技术，以等离子体为能量源加热或作用于反应体系，是纳米材料物理方法制备的另一类途径，如它可应用于制备具有更高熔点的金属纳米粒子。

等离子体法在纳米材料的制备研究中已有较多报道，例如等离子喷雾热解工艺，它是将反应物的溶液使用物理方法喷成雾状送入等离子体尾焰中，加热反应生成超细粉末。以下介绍等离子体法在纳米材料的制备中的两个应用实例。

2.2.3.1　氢电弧等离子体法

利用含有氢气的等离子体与金属间产生电弧，使金属熔融，电离的 N_2、Ar 等气体和 H_2 溶入熔融金属，然后释放出来，在气体中形成了金属的超微粒子，用离心收集器或过滤式收集器使微粒与气体分离而获得纳米微粒。

2.2.3.2　溅射

溅射主要有离子束溅射和等离子体溅射（图 2-6）等方法。等离子体溅射装置由被溅射靶（或称靶材，阴极）和成膜的基片及其固定架（阳极）构成（图 2-7）。

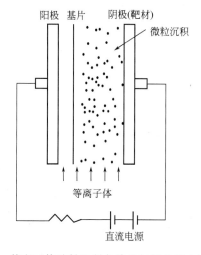

图 2-6　等离子体溅射法制备纳米材料的基本原理示意图

图 2-7　国产溅射装置

溅射法沉积薄膜时，将靶材置于等离子体系，它受氩离子等的轰击后发生溅射。如果靶材为单质，则在基片上生成与靶材物质相同的单质薄膜；若在溅射室内有意识地引入反应气体，使之与溅出的靶材原子发生化学反应而积淀于基片，便可形成含靶材的化合物薄膜。另外，可对一些化合物或合金靶材直接进行溅射，从而获得相应化合物或合金薄膜。

在溅射过程中，被溅出的靶材原子是与具有数千电子伏的高能离子交换能量后飞溅出来的，其能量较高，往往比蒸发原子高出 1～2 个数量级，因而用溅射法形成的薄膜与片基的结合较一些蒸发法效果更好。

磁控溅射是有关溅射法进一步改进，磁控溅射就是以一附加磁场束缚和延长电子的运动路径，改变电子的运动方向，提高工作气体的电离率和有效利用电子的能量。

等离子体溅射法目前主要应用于纳米薄膜的制备，当用利器将纳米薄膜从片基上刮下后，便可得到相应的纳米粉体。

2.2.4　机械研磨

机械研磨为典型的采用机械能制备超细材料和纳米材料的方法，即用各种超微粉碎机械设备将原料直接粉碎研磨成超微粉体。尽管这种工艺较为简单，但机械研磨的原理是复杂的。

2.2.4.1　传统粉碎法

从古至今，人们在生产实践中已发明、创造了一些行之有效的材料破碎、粉碎方法，这些方法的基本原理可概括为，将人和牲畜的体能转化为动能或势能，用于研磨、冲击待加工材料。进入现代社会，用于研磨、冲击待加工材料的动力已由电力所替代，这明显提高了产品加工的效率和产品的质量（如颗粒细度）。在纳米材料的制备研究中，此方法由于具有低成本、高产量以及制备工艺简单等优点，在一些对粉体的纯度和粒度要求不太高的场合较为适用，尤其适合规模化生产。

以图 2-8 为例，该球磨机的转盘上可安装 4 个球磨罐，当转盘转动（公转）时，球磨罐围绕自身中心轴作反方向旋转（自转）运动。由于机器的高速运转，罐内磨球在公转、自转以及重力等的综合作用下，获得足够大的能量，猛烈撞击、碾压、研磨物料，实现材料的粉碎。

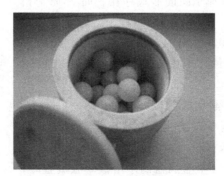

(a) 一种机械球磨机　　　　　　　　(b) 球磨罐和罐内磨球

图 2-8　球磨机

2.2.4.2　冷冻机械研磨

常规机械粉碎法虽然优点较多，但对加工对象的要求是硬度适中并具有较好的脆性。显

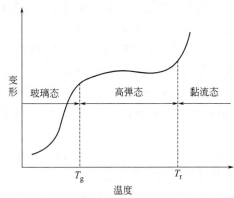

图 2-9　无定形聚合物的三种力学状态

然，新鲜动植物、橡胶等韧性较大的材料难以采用常规机械粉碎法进行超细加工。实际上，利用高分子科学的有关基本概念就可以找到解决问题的思路，动植物的基本结构、橡胶等分别由天然和人工合成高分子构成，如图 2-9 所示，在高分子或聚合物无定形态的 3 类最常见力学状态中，玻璃态最适合于机械粉碎法加工。但是，新鲜动植物、橡胶等在常温下为高弹态，为便于它们机械粉碎加工，人们发明了低温冷冻的方法，通过这样的预处理，可使待加工产物由高弹态进入玻璃态，脆性增加。实际操作中，将冷空气或液氮不断输入带有保温装置的球磨机中，使加工体系始终处于一定的低温环境。

2.2.5　高温高压法

爆炸法早已是成熟和经典的制备金刚石的方法，这种高温高压制备材料的方法和原理已写入物理化学等教科书。过去一直认为，爆炸法制备金刚石存在的不足之处是，所得晶体颗粒通常较小。如今，这一"缺陷"恰恰是制备纳米金刚石颗粒所需要的，换句话说，爆炸法制备纳米金刚石又是一成功应用逆向思维进行科研的范例。该方法的基本过程是，在确保安全性的高强度反应釜中，通过爆炸反应生成目标产物——纳米微粉。例如，在制备纳米金刚石时，为防止爆炸过程中目标产物被氧化，可向反应釜中装入 TNT 等炸药后抽真空，再充入 CO_2 气体；为了有利于爆炸产物的降温，提高目标产物的产率，减少副产物——石墨和无定形碳的生成，还可向反应体系注入一定量的液态水。这样，可制备出直径在 10nm 以下的金刚石微粉。有研究表明，主要反应包括：

$$2C_7H_5N_3O_6 \Longrightarrow 5H_2O + 7CO + 3N_2 + 7C$$
$$4C_7H_5N_3O_6 \Longrightarrow 10H_2O + 7CO_2 + 6N_2 + 21C$$

在反应过程中，首先是 TNT 炸药分解，生成 C，H，O，N 原子。然后是 H 原子和 O 原子结合形成 H_2O。由于 O 原子较少，只有部分 C 原子和 O 原子结合，生成 CO 和 CO_2，但还有一部分游离 C 以原子或原子团的形式存在。而 N 原子相互结合，生产 N_2。炸药在爆炸过程中，爆炸产物的初始压力可达 20～30GPa，温度可高达 3000～3500K，即金刚石的有效生成区域在图 2-10 中的矩形内。

2.2.6　原子能辐照

纳米材料的制备研究涉及领域已十分宽阔，利用原子能进行纳米材料的制备就是一生动实例。从化学角度上观察，一般金属盐的水溶液单独放置时，除了有时会发生水解之外，常具有很好的氧化还原稳定性（对应于水分子作还原剂）。例如，$CuSO_4$ 的水溶液单独放置时，即使经过相当长时间的日光照射，也不会出现金属单质析出的现象。但是，当

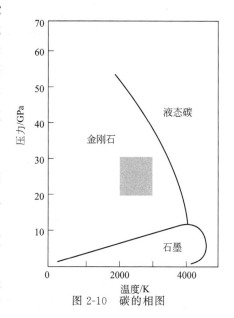

图 2-10　碳的相图

改用 X 射线或能量更大的 γ 射线照射 CuSO₄ 等水溶液时，溶液中的金属离子则可被还原成相应单质。其基本原理为：水分子在强辐照下，发生较为复杂的反应，生成 H·，OH· 等多种自由基以及水合电子（e-aq），其中的 H· 和 e-aq 是还原性的，e-aq 的还原电位为 −2.77eV，具有很强的还原能力，它们可逐步把溶液中的金属离子在室温下还原为金属原子或低价金属离子。为获得高品质的目标产物，该方法实施时常伴有以下辅助手段：

（1）低浓度的前驱体，如无机盐水溶液的浓度可保持在 $10^{-4}\,mol\cdot L^{-1}$；

（2）加入稳定剂，如常加入表面活性；

（3）加入一些助剂去除不利于制备反应的自由基，如可加入异丙醇等清除氧化性自由基 OH·。

目前，采用原子能辐照手段已制备出 Ag，Cu，Ni，Au，Cd，Pd，Pt，Sn，Sb，Co 等多种金属纳米粒子。从中可以发现，这些金属单质的前驱体——所对应的金属离子都具有良好的还原性。采用原子能辐照法在水溶液中制备金属纳米粒子的特点是：直接利用水分子作还原剂，无需引入其他还原性物质。但该方法也存在设备较为昂贵，安全保障、环境保护要求严格等问题。

至此，我们已介绍了多种制备纳米材料的物理方法。物理方法制备纳米材料仍有广阔的发展空间，如近期的研究发现，采用离心沉降这种较为简单的方法，可以成功制备、分离 Au 等纳米材料（见第 9 章）。但是，物理方法制备纳米材料虽有自己的特点和优势，同时也存在一些不足。在一些物理方法中，因反应条件较为苛刻（如高温高压、真空等），导致了制备成本偏高这一缺点的产生，部分方法难以普及。

2.3　化学方法制备纳米材料

相对于超高温、超高压等苛刻条件下的物理、化学过程，相当多的化学反应条件是较为温和的，这些反应几乎都在常压下进行，温度大多在室温至数百度范围，这就是所谓软化学（soft chemistry）的特点。

软化学现已广泛应用于纳米材料的制备，以应用最多的无机化学反应为例，在很多情况下，无机化学反应速率快，比较完全且副反应少，同时所需反应装置相对简单，产物易分离。随着纳米材料研究的快速发展，很多常规和较为罕见的无机化学反应在各类纳米材料的制备中均得到应用。

2.3.1　化学方法制备纳米材料的基本思想

这里谈论的化学方法制备纳米材料的基本思想包括稳定剂（有时也成为分散剂）的使用，以及所采用的化学反应的类型共两个方面，且两者之间是有联系的。

2.3.1.1　关于稳定剂

纳米粒子的制备通常要满足两个要求，一是控制颗粒的生长，不让其生长过快、过大；二是阻止颗粒间发生团聚。因此，在纳米粒子的制备过程中常常需要加入一些助剂——稳定剂（stabilizer）。图 2-11 展示了稳定剂的基本作用原理，可以看出，各类稳定剂通过静电作用或者其他的物理、化学作用，吸附在纳米粒子表面，从而导致粒子之间相互排斥，不易团聚。

纳米粒子制备中常使用表面活性剂作稳定剂，图 2-12 中出现的这种稳定机理是十分常见的，例如，使用 SDS 稳定碳纳米管等无机纳米材料，使用烷基硫醇稳定 Au 等金属纳米粒

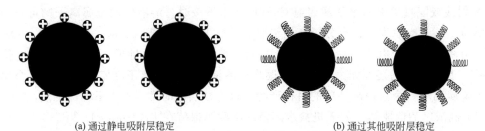

(a) 通过静电吸附层稳定   (b) 通过其他吸附层稳定

图 2-11　纳米粒子的稳定态示意图

子（有关示例见表 2-2 至表 2-4）。

　　高分子也是常用的纳米材料稳定剂，高分子作稳定剂时，可体现出更多的功能。除了高分子中的 N，O 等原子可与纳米粒子的表面直接作用外，高分子自身较长的分子链还可起到包裹纳米粒子的功能，如图 2-13 所示，有关示例见表 2-5。

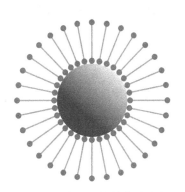

图 2-12　表面活性剂分子稳定
纳米粒子的示意图

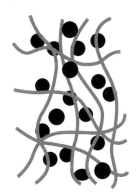

图 2-13　高分子稳定、分散
纳米粒子的示意图

　　不仅大分子和小分子可以稳定纳米粒子，甚至一些离子也有稳定纳米粒子的功能，如常见的阴离子可用于金属和氧化物纳米粒子的稳定（图 2-14）。

(a) CO_3^{2-} (b) SO_4^{2-}

图 2-14　无机阴离子稳定纳米粒子示意图

表 2-2　有机胺类用于纳米晶粒的制备

纳米晶粒	粒径/nm	稳定剂	纳米晶粒	粒径/nm	稳定剂
Mn_3O_4	—	三辛胺	Ru	2～3	己胺,辛胺,十二胺
$\gamma\text{-}Fe_2O_3$	—	三辛胺	CdS	1.2～11.5	吡啶
$\gamma\text{-}Fe_2O_3$	5	辛胺	CdSe	1.2～11.5	吡啶
$\gamma\text{-}Fe_2O_3$	7.2,10.4	辛胺,十二胺	CdSe	范围广	己胺,十二胺
$CoFe_2O_4$	7.3	辛胺,十二胺	CdSe/ZnS(核/壳)	—	己胺,十二胺
Ni	3.7	己胺,十二胺	CdTe	1.2～11.5	吡啶
Cu_2O	4～10	己胺	In_2O_3	4,6,8	油胺

表 2-3　硫醇用于纳米晶粒的制备

纳米晶粒	粒径/nm	稳定剂
ZnO	—	辛硫醇,十二硫醇
Ru	2～3	RSH(R:辛基,十二烷基,十六烷基)
Ru	1.6～6	十二硫醇
Pd	1～5	十六硫醇
Pd	1.8～6.0	RSH(R:$C_4 \sim C_{16}$ 正烷基)
$Cd_{32}S_{14}(SC_6H_5)_{36}(DMF)_4$		硫酚
Au	2	RSH(R:丁基,癸基,十二烷基,十八烷基)
Au	1～3	十二硫醇
Au/Ag(核-壳)	—	RSH(R:丁基,癸基,十二烷基,十八烷基)
Au/Pt(核-壳)	3.5	RSH(R:丁基,癸基,十二烷基,十八烷基)

表 2-4　有机膦用于纳米晶粒的制备

纳米晶粒	粒径/nm	稳定剂	纳米晶粒	粒径/nm	稳定剂
$Cu_{146}Se_{73}(PPh_3)_{30}$	—	三苯基膦	CdSe	1.2～11.5	三辛基膦
CdS	3～4	三丁基膦	CdTe	1.2～11.5	三辛基膦
CdS	1.2～11.5	三辛基膦	CdTe/CdS	—	三丁基膦

表 2-5　高分子用于纳米晶粒的制备

纳米晶粒	粒径/nm	稳定剂	纳米晶粒	粒径/nm	稳定剂
FeOOH	—	海藻酸	Co_3O_4	2	PVP
γ-Fe_2O_3	—	海藻酸	$Co_{3.2}Pt$	—	PVP
Fe_3O_4	10	聚乙烯醇(PVA)	Ni	3～5,20～30(团聚)	PVP
Fe_3O_4	6,12	聚乙二醇(PEG),聚环氧乙烷(PEO)	ZnO	3.7	PVP
Fe_3O_4	5.7	聚甲基丙烯酸,聚羟甲基丙烯酸	ZnO	2.6,2.8,3.6,4.0	PVP
Fe_3O_4	5.7	聚甲基丙烯酸酯,聚羟甲基丙烯酸酯	Ru	1.7	醋酸纤维素
Fe_3O_4	6,12	淀粉,葡聚糖	Ru	1.1	PVP
Co	5	聚苯醚	Pd	2.5	PVP
Co	1.4,1.6	聚乙烯基吡咯烷酮(PVP)	Pd-Ni	—	PVP
Co	4.2	聚苯醚	CdTe	—	海藻酸
Co CoO	7.5	聚苯醚	$Cd_xHg_{1-x}Te$	—	海藻酸
CoO	—	PVP	Pt	1.6	PVP
$CoPt_{0.9}$	1	PVP	Pt-Ru	—	PVP
$CoPt_{2.7}$	1.5	PVP	HgTe	—	海藻酸

2.3.1.2　关于化学反应类型

在此,我们将制备纳米材料的化学反应类型分为两大类:氧化还原反应和非氧化还原反应。实际上,纳米材料的制备已经覆盖到众多的化学反应。

首先来看氧化还原反应,此类反应可在液相、气相、固相等多种环境下发生,这里主要谈一下液相中的氧化还原反应用于纳米材料的制备,其他状态下的氧化还原反应用于纳米材料制备的问题将在后续内容中出现。

(1)水溶液反应　目前报道较多的是,在水溶液中,采用水合肼、葡萄糖、硼氢化钠等来还原金属离子,制备出超细或纳米金属粉末以及非晶合金粉末,制备过程中利用了高分子等物质作稳定剂,以阻止目标产物的颗粒团聚及减小晶粒尺寸。例如,用水溶液还原法,以

KBH$_4$ 等作还原剂制得 Au，Ag，Cu，Co，Ni 等多种金属纳米粒子，以及 Fe-Co-B，Fe-B，Ni-P 非晶纳米合金。其中，Au 纳米粒子的制备过程中，使用硫醇作稳定剂时，效果更佳。

溶液还原法的优点是，获得的产物粒子分散性好，颗粒形状为球形或准球形，制备过程易于控制。

（2）有机相反应　在纳米材料的制备研究中，常利用有机物作溶剂进行无机化学反应，这进一步丰富了无机化学的知识体系。例如，在二氯苯体系中加入表面活性剂三辛基氧化膦（TOPO）等物质，通过加热回流来分解配合物 Co$_2$(CO)$_8$。该工作的新意在于，通过改变物料的配比等条件，可有效控制金属纳米 Co 的尺寸、几何形状和晶型。

最近，多元醇还原手段已成功应用于合成超细的 Co，Pd，Ag，Cu，Ni 等金属粒子。利用多元醇还原金属离子的特点是，当加热到这些醇的沸点时，其温度都高于 100℃，氧化还原反应的环境不同于水溶液。该方法主要使用乙二醇（EG）、一缩二乙二醇（DEG）多元醇，金属离子与多元醇发生还原反应后生成金属溶胶，随后通过改变反应体系的温度或加入成核剂等，可得到沉淀物——纳米级粒子。

又如，以 HAuCl$_4$ 为前驱体，PVP（聚乙烯基吡咯烷酮）为高分子稳定剂，可将 HAuCl$_4$ 还原，制得单分散球形 Au 粉。

非氧化还原反应在化学法制备纳米材料的方法中也占有较大比例，包括某些分解、化合反应等，此类反应也可在液相、气相、固相等多个条件下发生，本章后续内容将有一些展示。

2.3.2　化学沉积法

化学沉积/沉淀法制备纳米材料涉及内容较多，新旧知识的融合产生了这一纳米材料制备体系。沉淀（precipitation）是化学研究中常见的一种实验现象，而沉积（deposition）概念的广泛使用是建立在材料科学尤其是纳米材料研究迅速发展基础之上的。通过本节内容的学习，可以体会到，沉淀和沉积（统称化学沉积法）既有联系又有区别。化学沉积法的主要优点是，实验设备较为简单，实验条件普遍不苛刻。

2.3.2.1　液相沉淀

液相沉淀是一类重要的无机化学反应，较易生成超细或纳米粒子，如可溶性镉盐和可溶性硫化物的水溶液在常温下混合后，在很大的浓度范围内都可得到纳米 CdS 的沉淀物，且颗粒很小，但制备过程中如果不加分散剂，产物团聚明显。

$$Cd^{2+} + S^{2-} = CdS\downarrow$$

通过一些手段可改善纳米材料的分散性，图 2-15 为纳米 CdS TEM 图像，由于制备过程中采用了添加分散剂等措施，产物可具有良好的分散性。

液相沉淀法如今已较多地应用于无机纳米材料的制备，主要包括直接沉淀、均匀沉淀、共沉淀、有机相沉淀、沉淀转化等方法。

共沉淀法为，在含有多种金属离子的溶液中加入沉淀剂，利用 K_{sp} 作为理论判据，使金属离子完全、同时沉淀，该方法适合制备复合氧化物，以及氧化物掺杂等的研究。共沉淀法一般具有这些特点：有利于杂质的排除；生成的产物具有较高的化学均匀性；粒

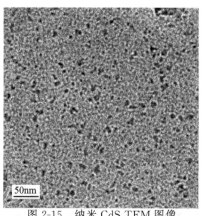

50nm

图 2-15　纳米 CdS TEM 图像

度较细，颗粒尺寸分布较窄；可实现一定的形貌控制。

向溶液中直接加入沉淀剂往往会造成沉淀的局部不均匀，为了克服这一缺陷，可预先向溶液中加入某种能缓慢生成沉淀剂的物质，使溶液中的沉淀均匀出现，这就是均匀沉淀法。例如，在金属盐溶液中经常加入尿素，反应时，使之缓慢热分解生成沉淀剂 NH_4OH，以保证沉淀的均匀生成。

在有机相沉淀法中，通常使用可溶解无机化合物的多元醇，由于多元醇具有较高的沸点（一般都大于 100℃），因此可使用高于水溶液的温度进行有效水解反应制备纳米颗粒。例如醋酸锌溶于乙二醇（EG），在高于 100℃下强化水解可制得单分散球形 ZnO 纳米粒子。

沉淀转化法的原理是，利用 K_{sp} 上的差异，依据化合物之间溶解度的不同，通过改变沉淀转化剂的浓度、转化温度等条件制备目标产物。如以下反应：

$$Na_2SiO_3 + Cd(NO_3)_2 = CdSiO_3\downarrow + 2NaNO_3$$
$$CdSiO_3 + Na_2S = CdS + Na_2SiO_3$$

上述两个化学反应之所以能连续发生，主要在于 CdS 的 K_{sp} 明显小于 CdSiO_3 的 K_{sp}，从而发生了 CdSiO_3 向 CdS 的沉淀转化，该过程中 Na_2SiO_3 参与了反应，但最后又重新生成，总的反应式为：

$$Cd(NO_3)_2 + Na_2S = CdS\downarrow + 2NaNO_3$$

但该反应的过程已完全不同于 $Cd(NO_3)_2$ 溶液和 Na_2S 溶液的直接反应。

2.3.2.2　气相沉积（CVD）

气相沉积（CVD）的全称为化学气相沉积法（chemical vapor deposition）。为了清楚地理解 CVD 的基本原理，先来了解气相氧化还原法制备纳米材料的有关概念。气相氧化还原是一种制备纳米粉体较为常用的方法，例如，用 15%H_2-85%Ar 的混合气体高温下还原金属复合氧化物，可制备出粒径小于 35nm 的 CuRh 合金等。对比此方法，CVD 法除目标产物为固体外，其余反应物、生成物均为气体或气溶胶。这即为 CVD 法的特点，以下两个反应为可应用于 CVD 过程的典型实例：

$$SiH_4(g) = Si(s) + 2H_2(g)$$
$$Ga(CH_3)_3(g) + AsH_3(g) = GaAs(s) + 3CH_4(g)$$

CVD 过程常需要加热，加热手段包括常规方法以及激光、等离子体等方法。

CVD 法的主要优点是，所得目标产物表面清洁，易分离。此方法较适用于纳米薄膜的制备，也可用于纳米粉体的制备。

2.3.2.3　液相沉积（CBD）

最为常见的液相沉积是化学池沉积（chemical bath deposition，简称 CBD），其实验装置如图 2-16 所示，该装置（反应池）通过循环流动的热水加热、恒温反应体系；反应池中放置的水溶液组成较为简单，通常由前驱体——金属盐以及其他助剂构成，助剂主要用于调控薄膜的生长；薄膜制备的基本反应较为简单，常见为金属盐的水解，通过基片的预处理，反应体系中温度、pH 值、前驱体浓度以及反应时间等的调控，可在斜靠于反应池内壁基片的表面获得沉积膜；基片分为玻璃，Si，SiO_2，金属和塑料等。

需要指出的是，CBD 法所得薄膜不同于常规液相沉淀（见 2.3.2.1）获得的产物，通过图 2-17 的分析，可以进一步区分两者。从图 2-17 中可以看出，与普通沉积法获得的产物相比，CBD 法获得的薄膜表面光滑、均匀，吸附牢固，薄膜在玻璃基片的两侧同时生长［图 2-17(a) 接近手指的片基上可看见双层膜结构］。而在普通沉淀过程中，由于颗粒依靠自然

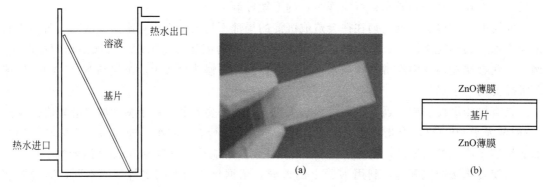

图 2-16　CBD 法装置示意图　　　　图 2-17　CBD 法所得 ZnO 薄膜

重力下降，无法形成类似于图 2-17(a) 所示的高质量沉积膜。

　　图 2-17(a) 给出的另一令人感兴趣的结果是，尽管玻璃基片已完全浸入 CBD 池中的反应液（图 2-16），但最终所得沉积膜并未完全覆盖该玻璃基片。实际上，图 2-17(a) 中玻璃基片覆盖沉积膜的面积应该是有关前期处理时，基片浸入无水乙醇等有机溶剂中的面积。从中可以看出，基片前期处理对沉积效果起着至关重要的作用，有关问题还要在图 2-18 中进一步讨论。

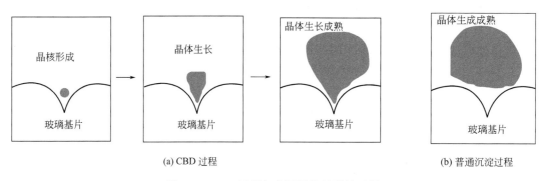

图 2-18　CBD 过程与普通沉淀过程的区别

　　目前，对 CBD 法的机理研究尚未形成较为统一的结论和观点，图 2-18（a）展示了 CBD 过程中晶体生长的一种理论假设：首先，均相成核（在溶液中）或异相成核（在基片表面）的晶核，可较为稳定地固定在表面具有适当的粗糙度或亲水性良好的基片上，这是 CBD 过程中最为关键的一步；随后，晶体颗粒在此基础上不断生长，直至老化，最终稳定地附着在基片表面。反观普通沉淀过程［图 2-18(b)］，生长成熟的晶粒通过自然重力直接落入基片的表面，导致晶粒与基片表面结合不牢固。

　　CBD 法的优点与 CVD 法的优点是相似的：①CBD 法所需仪器比 CVD 法更为简单，反应条件比 CVD 法更加温和，如反应温度一般都低于水的沸点；②CBD 法所得目标产物较易分离，表面较为清洁；③CBD 法也较适用于纳米薄膜的制备，也可用于纳米粉体的制备。

　　需要注意的是，尽管 CBD 法是一种较为简单的纳米材料制备方法，但影响 CBD 过程的因素较多，应用此方法时应充分考虑。

2.3.3　水热及溶剂热法

　　据说水热法的诞生是人类仿自然的思维结果，其灵感来自地壳内部高温、高压下的熔岩反应。

水热法是利用高压釜里的高温、高压反应条件，采用水作为反应介质，实施目标产物的制备。水热条件下纳米材料的制备有水热结晶、水热化合、水热分解、水热脱水、水热氧化还原等。该方法现已成为制备纳米材料的常用方法，主要适用于纳米粉体的制备，也可用于纳米薄膜的沉积。

水热反应釜（图 2-19）是一种简单的反应装置，它是由不锈钢外套、聚四氟乙烯内衬（反应容器）、压力缓冲装置和密封盖等构成的。由此可见，利用水热反应制备纳米材料，操作较为简单，但须注意安全。

图 2-19　水热反应装置——高压釜

图 2-20 为采用水热法制备出纳米 Bi_2S_3 的 XRD 谱图，它表明，在较为缓和的条件下（100～200℃，亦称软化学条件）获取的目标产物已具有良好的结晶性。尽管该图中衍射峰较多，但经比对标准数据，证实产物为单一的 Bi_2S_3 斜方晶系。而通过这种方法制得的纳米 Bi_2S_3 产物显示出棒状形貌（图 2-21），长径比较大。

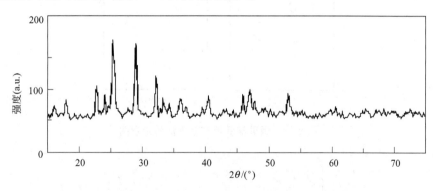

图 2-20　水热法制备出纳米 Bi_2S_3 的 XRD 谱图

水热法的主要优点包括，克服了常压下水溶液加热反应温度上限只能到 100℃ 左右的不足，实现了水溶液高温高压下的化学反应。水热法另一突出优势是隔绝空气防氧化，适合硫化物、硒化物等的热处理。

在水热法的基础上，还可改用有机溶剂（乙二醇，苯，聚醚等）替代水作介质，采用类似水热合成的原理制备纳米材料。这种溶剂热法扩大了水热合成技术的应用范围，实现了通常水热条件下无法实现的一些反应（如易水解物质的制备），我国科学家在该领域的研究中已取得了较为突出的成绩。

图 2-21　水热法制备出纳米 Bi_2S_3 的 SEM 图像

2.3.4　微乳液法

图 2-22 为微乳液和反相微乳液的示意图，图中分别有众多的小油池或小水池，这种特殊的微环境可以作为化学反应进行的场所，因而又称之为"微反应器"（microreactor），它拥有很大的界面，已被证明是多种化学反应理想的介质。小油池和小水池具体结构见图 2-23。微乳液的形成条件是：在水相中，当表面活性剂的浓度达到临界胶束浓度（critical micelle concentration，简称 cmc）时，表面活性剂的亲水端基链与水分子结合，而表面活性剂的憎水烃基链向圆心内定向排列，从而形成如图 2-23 所示水包油型（O/W）胶束。显然，反相微乳液的形成过程与之相反，但此过程无明显的临界胶束浓度 cmc。

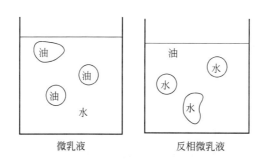

图 2-22　微乳液和反相微乳液的示意图

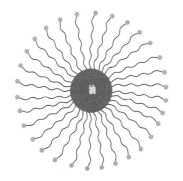

(a) 水包油型(O/W)脱束结构:一个小油池　　　　(b) 油包水型(W/O)脱束结构:一个小水池

图 2-23　水包油型和油包水型胶束的部分结构示意图

微乳液和反相微乳液通常是各向同性的热力学稳定体系，反相微乳液中的微小"水池"被表面活性剂和助表面活性剂所组成的单分子层的界面所包围，其大小可控制在几至几十纳米之间，这些微小水池尺寸小且彼此分离，因而构不成水相，通常称之为"准相"（psedu-ophase）。

当然，图 2-23 中所示只是胶束的部分结构，实际上胶束还有其他一些结构，这对超分子化学中的自组装研究颇有帮助（见第 8 章）。因此，有人总结出以下 4 个公式，定量或半定量确定或预测胶束的几何形状：

当 $V/\alpha_0 l_c < 1/3$ 时，胶束的几何形状为球形，式中 V 为表面活性剂烃基链的体积，l_c 为表面活性剂烃基链的最大长度，α_0 为表面活性剂端基的截面积。

当 $1/3 < V/l_c < 1/2$ 时，胶束的几何形状为非球形。

当 $1/2 < V/\alpha_0 l_c < 1$ 时，胶束的几何形状为泡囊状或层状。

当 $1 << V/\alpha_0 l_c$ 时，可生成反相胶束。

利用微乳液法可制备出多种形貌的纳米材料，例如，通过此方法可制备出棒状纳米 $BaCrO_4$（图 2-24）。

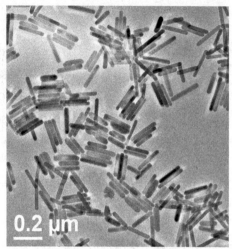

图 2-24 微乳液法制备的纳米 $BaCrO_4$ TEM 图像

2.3.5 sol-gel 法

经典的溶胶-凝胶法（sol-gel）的基本原理是：易于水解的金属化合物（无机盐或金属醇盐）在某种溶剂中与水发生反应，经过水解与缩聚过程逐渐凝胶化，再经干燥烧结等后处理得到所需材料，基本反应由水解反应和聚合反应等构成。

先以正硅酸酯——$Si(OR)_4$ 为例，进行 sol-gel 过程分析：

sol-gel 的基本反应过程可在酸性或碱性两种催化条件下进行。另一个重要的问题是，$Si(OR)_4$ 的起始取代度（$n = 1 \sim 4$）将对 sol-gel 的后续过程以及最终产物的结构产生决定性的影响，以下是几个实例。

二聚体：

$$2RO-\underset{\underset{OR}{|}}{\overset{\overset{OR}{|}}{Si}}-OH \longrightarrow RO-\underset{\underset{OR}{|}}{\overset{\overset{OR}{|}}{Si}}-O-\underset{\underset{OR}{|}}{\overset{\overset{OR}{|}}{Si}}-OR$$

$f = 1$

一维链：

$$n HO-\underset{\underset{OR}{|}}{\overset{\overset{OR}{|}}{Si}}-OH \longrightarrow HO-\underset{\underset{OR}{|}}{\overset{\overset{OR}{|}}{Si}}-\left(O-\underset{\underset{OR}{|}}{\overset{\overset{OR}{|}}{Si}}\right)_{n-1}-OH$$

$f = 2$

二维链：

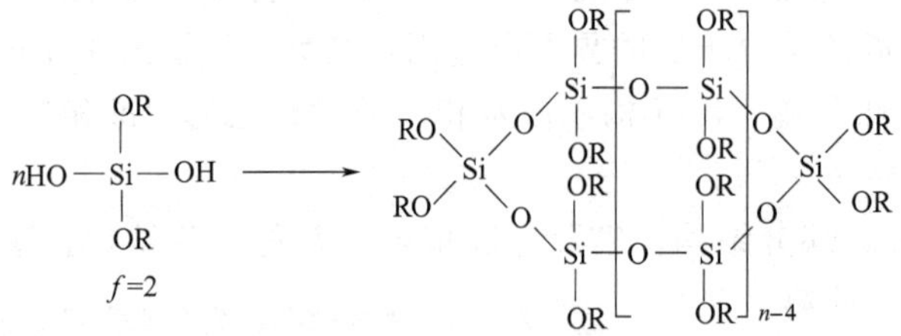

三维链：

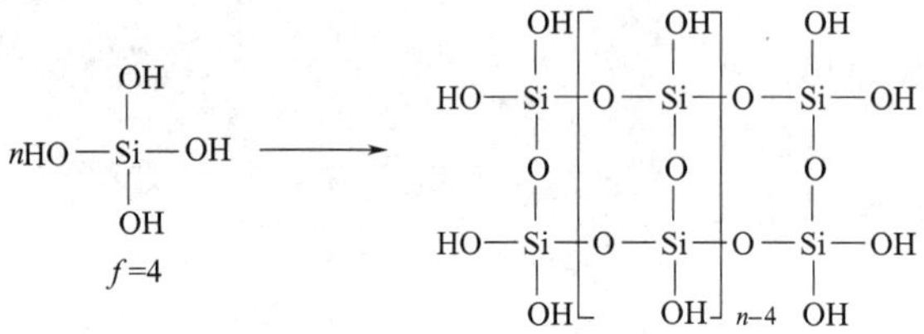

当 $n=1$ 时，形成的是二聚体结构；当 $n=2$ 时，形成的是线形或环状多聚体结构；当 $n=4$ 时，形成更为复杂的网状多聚体结构，可以想象当 $n=1\sim4$ 的起始取代物共混时（更接近于真实的 sol-gel 过程），将会形成十分复杂的立体网状多聚体结构。这里还要解释一下 sol-gel 过程的划分与判断问题，当为二聚体 P2 或其他低聚体时，此时的分散系类型属真溶液；当聚合度进一步增加时，多聚体的线团尺寸进入胶体粒子尺度范围，此时的分散系属溶胶——sol（一般为液溶胶）；当聚合度继续增大时，液溶胶体系失去流动性，最终形成凝胶——gel，如图 2-25 所示。

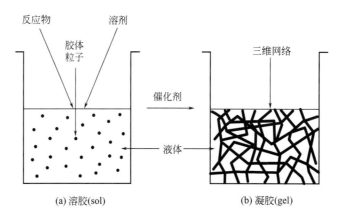

图 2-25　凝胶的形成

这种经典的 sol-gel 法适用于纳米薄膜和纳米粉体的制备。图 2-26 为使用 sol-gel 法制备出的纳米 TiO_2 TEM 图像。

2.3.6　气-液-固（VLS）法

VLS 法是一种设计巧妙的纳米材料制备方法，它具有的特点是：晶体生长的区位有望得到精确控制；晶体生长的取向可以得到精确控制。因此，VLS 法制备的纳米材料有望用作纳米器件。

图 2-27 介绍了纳米材料 VLS 法生长机制，首先金属催化剂在基片上的位置决定了后续纳米材料的生长位置；在适当的温度下，原为固态的催化剂转变为液态，并与生长材料的前驱体（以气态形式输入）形成液态的共熔物，当该液态的共熔物达到过饱和后，目标产物形

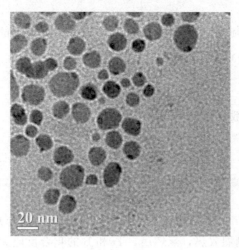

图 2-26　sol-gel 法制备纳米 TiO_2 的 TEM 图像

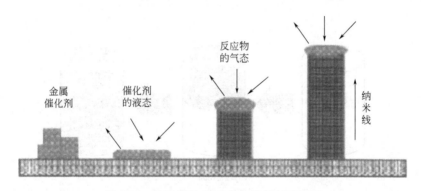

图 2-27　纳米材料 VLS 法生长机制示意图

成晶体析出，而液态催化剂上浮在晶体的表面，继续接收后续前驱体气体……，这样的循环往复保证了晶体生长的单一取向，即最终长成线状晶体。这一机理还表明，催化剂的液态尺寸将在很大程度上决定了所生长纳米线的直径。研究表明，利用这种生长机制可以成功制备大量的单质、二元化合物甚至更复杂的单晶，例如，使用 Fe，Au 作催化剂，制备了半导体纳米线 Si；Ga 作催化剂，制备了 SiO_2 等准一维纳米材料。

2.3.7　纯粹固相化学反应法

2.3.7.1　一般方法

固相化学反应具有液相、气相等化学反应所不具有的特点或优势，固相化学反应法早已广泛应用于硅酸盐工业等领域，如今，它也成为纳米材料的重要制备方法。固相化学反应法可分为高温和室温固相反应两种类型。前者是将前驱体和其他助剂等按一定比例充分混合（如通过研磨）后进行煅烧，再在高温下进行固相反应直接制成或再次粉碎制得超微粉。例如，以炭粉、SiO_2 为原料，在氮气保护下，通过高温炉内的热还原反应获得 SiC 微粉，还可通过控制其工艺条件获得其他不同产物，这种方法称为碳热还原法。除了 SiC 粉体之外，目前高温固相反应法研究较多的还包括 Si_3N_4 以及 SiC-Si_3N_4 等陶瓷粉体的制备。

就室温固相反应法而言，它在一定程度上克服了传统湿法存在的产物团聚现象的缺点，同时也充分显示了固相合成反应无需溶剂、产率较高、反应条件易控制等优点，室温固相反应常通过机械球磨实现。须指出的是，此处的室温不是严格意义上的反应温度，而是环境温度。

在已报道固相反应法制备纳米材料的研究中，既有为人熟知的无机化学反应，也有较为陌生的反应，现各举一例：

$$CdCl_2 + Na_2S == CdS + 2NaCl$$
$$2TaCl_5 + 5Mg == 2Ta + 5MgCl_2$$

固相反应结束后，一般可通过水洗提纯反应产物。

2.3.7.2　自蔓燃法

自蔓燃现象较为常见，如火药的燃烧、铝热法焊接金属等。以下通过 TiB_2 的合成来理解自蔓燃现象。

$$Ti + 2B == TiB_2$$

如图 2-28 所示，将 Ti 粉和 B 粉按 1∶2（摩尔比）均匀混合并压实，然后在一段点燃。由于 Ti 和 B 的化合反应剧烈放热，点燃后，Ti 和 B 的化合反应无需外界能量即可持续进行下去，最终完成整个反应。

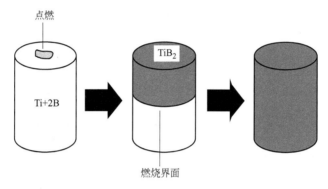

图 2-28　自蔓燃法过程示意图

自蔓燃法现已成为一较受关注的材料合成方法，在材料自蔓燃合成过程中，所需能量几乎全部来源于自身反应热，这与绿色化学密切相关。该方法可应用于纳米陶瓷、纳米合金等的制备，目前，该方法有时也被称作燃烧合成法（combustion synthesis）。

2.3.8　其他的一些物理化学手段

在此将介绍与物理化学有关的两种较为重要的纳米材料制备方法。

2.3.8.1　电化学法

该方法主要包括水溶液电解和熔盐电解两种。电化学法的优势是，可制得很多其他物理和化学方法不能制备或难以制备的金属纳米材料，尤其是强还原性的金属粉末；还可制备纳米氧化物、合金材料等；此方法适用于纳米薄膜和纳米粉体的制备，得到的产物纯度高，粒径较小，而且成本低，适于工业化生产。

以下制备纳米 Pt-Fe 合金的工作就是很好的实例。

制备纳米 Pt-Fe 合金所配置的电镀液主要成分包括水溶性亚铁盐［如 $FeCl_2$ 和 $(Fe(SO_4)_2)$］以及 H_2PtCl_6，pH＝2.0～3.0，担载 Pt-Fe 合金的阴极由包覆锡掺杂氧化铟的玻璃 ITO/glass 构成，与之相对应的阳极由金属铂构成，它为惰性电极。显然，Pt-Fe 合金生成的条件是制备过程应保证 Fe^{2+} 和 Pt（IV）同时在阴极被还原。但由下列 3 个半反应计算出两者氧化能力的差异（ΔE）为：

$$\Delta E = (0.720 + 0.730) - (-0.403) = 1.853V$$

$$Fe^{2+} + 2e^- \Longrightarrow Fe \qquad\qquad E_1^0 = -0.403V(vs\ SHE) \qquad (1)$$

$$[PtCl_6]^{2-} + 2e^- \Longrightarrow [PtCl_4]^{2-} + 2Cl^- \qquad E_2^9 = +0.720V(vs\ SHE) \qquad (2)$$

$$[PtCl_4]^{2-} + 2e^- \Longrightarrow Pt + 4Cl^- \qquad E_3^0 = +0.730V(vs\ SHE) \qquad (3)$$

这似乎表明 Pt（Ⅳ）得电子被还原为 Pt（0）的能力明显占有优势，实验结果（图 2-29）也证实了这一点。但随着电流密度的增加，上述 ΔE 值将明显减小，其主要原因是在高电流密度下，Fe^{2+}/Fe 和 Pt（Ⅳ）/Pt（0）的电极电位都因阴极极化作用而降低，而后者是显著下降，即意味着 Fe^{2+} 得电子被还原为 Fe^0 的能力相对加强了。图 2-29 中还反映出，随着电流密度的逐渐增加，合金中 Fe 的含量也随之增加，经历了 $FePt_3 \rightarrow FePt \rightarrow Fe_3Pt$ 的变化过程。图 2-29 还总结归纳了在不同电流密度区间得到的合金外观差异，随着电流密度的逐渐增加，Pt-Fe 合金薄膜由亮光泽转变为半亮光泽，最后变为粉化状。另外，SEM 检测证实，所得合金薄膜由粒子构成，粒径在数十纳米。

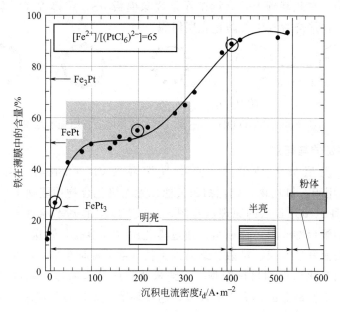

图 2-29　电化学法控制性制备 Pt-Fe 合金

在电沉积 Ni 纳米晶时，通过有效地控制温度、pH 值或电镀液的成分，电沉积的 Ni 晶粒尺寸可达 10nm，电沉积涂层中具有良好的晶粒尺寸分布，耐蚀性和力学性能均得以提高，可替代传统生产工艺。

2.3.8.2　气溶胶过程

此类方法又称为喷雾法，即把反应物雾化后，反应物分散成粉末、液滴等在空间进行化学反应，可包括分解、水解等多种反应，所得产物首先表现为气溶胶形式。

例如，将 $Mg(NO_3)_2/Al(NO_3)_3$ 的水溶液与甲醇混合喷雾，在 $800\ ℃$ 下热解得到镁铝尖晶石，产物粒径为数十纳米。

2.4　一些纳米材料制备的研究进展

纳米材料的制备研究目前仍处于快速发展时期，新颖和较为新颖的研究成果不断被报道。这里，我们将举出若干实例。

2.4.1 模板合成法

模板（template）合成法建立在纳米材料研究快速发展的基础之上，它在纳米材料的制备研究中一直占有重要的地位。目前，在纳米材料的制备研究中，模板已被分为软硬两类，一般说来，软模板的概念相对抽象，同时与本书中后续介绍的自组装等概念有联系。

这里将主要介绍硬模板，硬模板的概念比较具体，它与宏观材料加工时（如金属铸造、高分子成形）所用的模具其实是一回事。例如，孔状 Al_2O_3，SiO_2 以及碳纳米管等作模板时，孔穴长度可达几微米甚至更长，孔径在几纳米至几十纳米，常用于制备金属、无机化合物和高分子纳米线。

图 2-30 中的示意图展示了制备机理，由于聚苯乙烯（PS）微球表面吸附有正电荷，随后在体系中发生的 $Y(NO_3)_3$ 水解和尿素的分解等共同作用导致了壳材料 $Y(OH)CO_3$ 的生成，它可在 PS 微球表面产生异相凝聚，并逐渐发育成最终的壳体。通过 TEM 观测证实，这是一个核壳结构。在此基础上，后续工作是烧除模板 PS，获得 Y_2O_3 空心球壳，这一工作难度更大，因为在焙烧过程中要防止壳层坍塌。

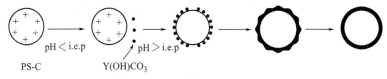

图 2-30　$PS/Y(OH)CO_3$ 复合纳米球体的制备原理示意图

2.4.2 CVD 法的延伸与拓展

CVD 法现已发展成多种形式，其中气溶胶 CVD（aerosol-assisted CVD，简称 AACVD）法已可用于在氧化物、硫化物和其他二元无机化合物功能纳米材料的化学制备。

图 2-31 为一种 AACVD 法的原理示意图，AACVD 法的基本原理是，使用由配体和中心金属原子构成的配合物作单一性原料，通过雾化法（气溶胶）输送（见图 2-32），吸附至基片后，在基片表面发生反应、扩散、结晶性生长（部分配体保留，与中心金属原子形成新的产物）等一系列变化后得到目标产物——纳米薄膜或纳米粉体。该过程还伴有反应物脱附，产生副产物，以及部分配体失去的环节，这些环节主要通过气相输送完成。

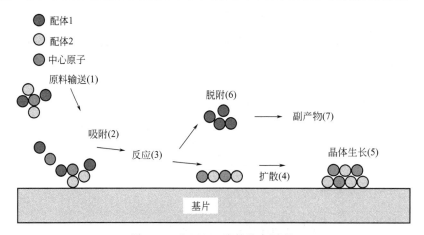

图 2-31　AACVD 法的基本原理

图 2-32 为 AACVD 法的全过程示意图，它由配合物溶液的传输、蒸发、气溶胶输送和表面反应等部分组成。

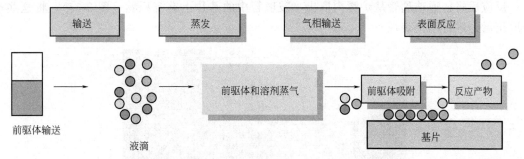

图 2-32 AACVD 法的全过程

图 2-33 为 AACVD 法的实验装置原理图，它由蒸发和加热两大部分构成。配合物溶液的蒸发在烧瓶中进行，氮气的通入将有利于配合物气溶胶向加热炉内的流动。

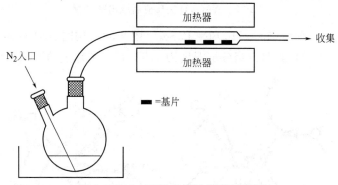

图 2-33 AACVD 法实验装置示意图

图 2-34 是图 2-33 中 AACVD 实验原理的实景，操作过程为：将制备好的配合物放入 200mL 左右的烧瓶（要求一个大口，一个小口）中，用合适的有机溶剂溶解，因有机溶剂（如 THF 等）沸点较低，故可用水浴加热烧瓶，同时通入气体（100～150mL·min^{-1} 流量）。烧瓶中的溶液沸腾时，配合物可被有机溶剂带入炉子内，热反应后产物沉积在基片上。由于炉子内的反应是在事先插入炉膛的普通玻璃管（低于 500℃ 均可）中进行的，因此不会污染炉子。

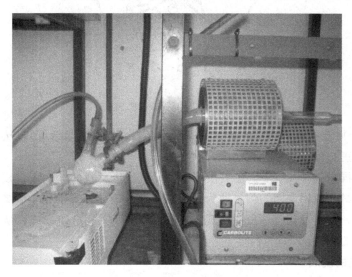

图 2-34 AACVD 法实验装置

反应后将普通玻璃管从炉膛内取出,玻璃管中的基片上有沉积物(图 2-35),将这些基片取出后,进行结构表征。

图 2-35　AACVD 法反应后取出的产物

作为单一性原料,配合物 $C_{36}H_{70}BiN_3P_6Se_6$(图 2-36)按图 2-31 的模式发生分解反应,XRD 等的检测(图 2-37)表明,当分解温度为 475℃时,基片上的沉积物为 Bi_2Se_3。

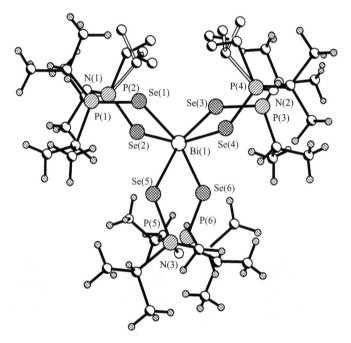

图 2-36　配合物 $C_{36}H_{70}BiN_3P_6Se_6$ 的结构

图 2-38 为产物 Bi_2Se_3 的粒径分布统计结果(依托 SEM 观测结果),从中可以看出,粒径基本呈现高斯正态分布,平均粒径大约在 $2\mu m$。

在此有必要再强调,AACVD 法提供了制备无机纳米材料的新途径,该方法的另一大特点是:单一性原料的使用。因为到目前为止,硫化物、硒化物等的化学制备采用的都是两种及以上的反应物,并通过化合等反应实现。AACVD 法则采用分解反应,从而丰富了材料化学、无机化学等的研究。

2.4.3　sol-gel 法的发展

图 2-39 中给出了 sol-gel 法的 3 种模式,第一种是指凝胶的体积与原溶胶的体积相等

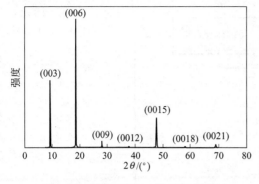

图 2-37　产物 Bi_2Se_3 的 XRD 谱图

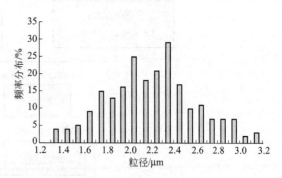

图 2-38　产物 Bi_2Se_3 的粒径分布

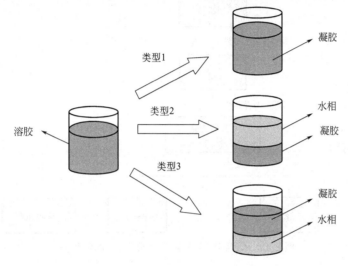

图 2-39　sol-gel 法的 3 种模式

（或基本相等）的变化过程，如日常生活中鱼汤、动物皮的汤汁凝固，这属于最经典的 sol-gel 法；第二种是指凝胶从水相中析出，产生凝胶沉聚，此时凝胶体积减小，如日常生活中豆腐的制作（我们已成功利用该模式制备出品质较好的纳米材料，见本教材以下部分）；第三种模式与第二种模式相反，即凝胶在水相中不是沉聚，而是上浮到水相最上层，我们将在本教材后续部分继续讨论。

图 2-40 为低温 PEG（聚乙二醇）法制备纳米 TiO_2 的流程图，可以认为该过程为 sol-gel 法的第二种模式。主要过程分析如下：

当 PEG 的溶液与 $Ti(NO_3)_4$ 溶液混合时，Ti(Ⅳ) 与 PEG 醚氧链上的氧原子通过配位键形成交联，交联的结果导致 PEG 的分子量增大，有关基团的亲水性下降，从而产生凝胶的沉淀现象，通过过滤可得到凝胶物质，凝胶经 50℃ 干燥后已含有 $TiO(NO_3)_2 \cdot H_2O$ （以下简称 TN），再经 100℃ 左右的热处理，通过 TN 的分解便得到纳米 TiO_2。我们提出了图 2-41 中所示的 PEG 稳定 TN 的机理，根据无机化学基本知识，TN 为链状聚合物，TN 中的结晶水通过配位键与 Ti^{4+} 结合，同时该结晶水又与 PEG 链形成氢键。

图 2-42 为低温 PEG 法制备出产物的 XRD 和 TEM 检测结果。从中可发现，产物为锐钛矿型晶体，由于 XRD 的衍射峰宽化明显，表明产物粒子尺寸较小。从 TEM 图像中可以看出，所得纳米 TiO_2 的基本结构为纳米纤维状，这些纳米纤维又形成较为有序的定向排

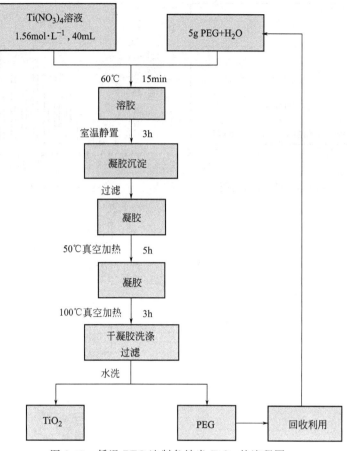

图 2-40　低温 PEG 法制备纳米 TiO$_2$ 的流程图

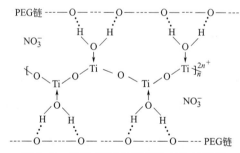

图 2-41　低温 PEG 法凝胶的结构示意图

列，从而构成层状结构。

　　另外，本章中 CBD 法中的一些过程也接近 sol-gel 第二种模式。

　　第三种 sol-gel 模式涉及自组装内容，我们已利用该模式成功制备出空气-水界面纳米氧化物的薄膜，这将在第 8 章中进一步讨论。

2.4.4　相转移法

　　研究表明，多种相转移法可有效地用于各类纳米材料的制备。近期，这一研究仍在深入发展，例如，我国学者报道了液体-固体-溶液相转移和相分离的制备方法，该方法利用金属离子与表面活性剂分子之间普遍存在的离子交换和相转移性能，通过控制有关界面化学反应，成功制备出多种纳米粒子。

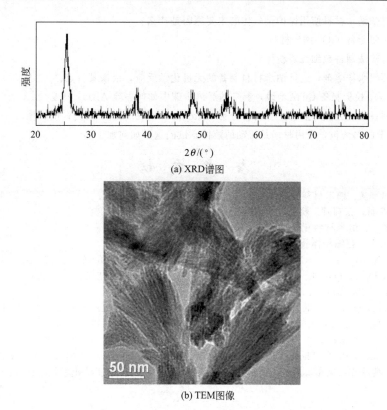

(a) XRD谱图

(b) TEM图像

图 2-42　低温 PEG 法制备出纳米 TiO_2 的 XRD 谱图和 TEM 图像

　　一些相转移法具有相似的原理，如国外开展的液-液界面生长纳米 CeO_2 薄膜的工作，图 2-43 中介绍了基本原理。在图 2-43 的装置中，下方为 NaOH 的水溶液，上方为甲苯溶液（含有前驱体 Ce（Ⅳ），相转移催化剂），两者互不相溶。相转移催化剂为三正辛基胺，它可与 Ce（Ⅳ）形成配合物，该配合物在液-液界面与 NaOH 反应生成 CeO_2 纳米粒子，逐渐生成的 CeO_2 纳米粒子在界面上最终构成纳米 CeO_2 薄膜。

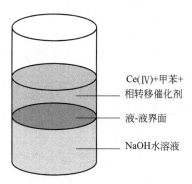

Ce（Ⅳ）+甲苯+
相转移催化剂

液-液界面

NaOH水溶液

图 2-43　液-液界面生长纳米 CeO_2 薄膜原理示意图

思考题与习题

1. 分析反相微乳液的形成条件和机理。

2. 水热反应釜与日常生活中哪种烹饪工具比较相似？

3. 制备金属纳米材料通常有哪些方法？

4. 气体冷凝法制备纳米材料使用保护性气体的主要原因是什么？

5. 采用溅射法如何制备 TiO_2 纳米材料？

6. 如何用机械粉碎法制备超细红磷粉体？

7. 利用有机物替代水作溶剂，进行纳米材料制备的无机化学反应，谈谈其特点。

8. 使用孔状 Al_2O_3 模板制备 Cu 纳米线，制备的后续步骤中如何去除 Al_2O_3 模板？

9. 纳米材料的制备方法分类有多种，如可常分为 bottom-up 和 top-down 两类，试解释。

10. 我国江淮一带的热汤包，食用时馅是流动的液体，试问这是如何加工的？

参 考 文 献

[1] 张立德，牟季美. 纳米材料和纳米结构. 北京：科学出版社，2002.
[2] 汪信，郝青丽，张莉莉. 软化学方法导论. 北京：科学出版社，2008.
[3] 汪信，刘孝恒. 纳米材料化学. 北京：化学工业出版社，2006.
[4] 李凤生等编著. 超细粉体技术. 北京：国防工业出版社，2000.
[5] C. Burda, X. B. Chen, R. Narayanan, M. A. El-Sayed. *Chem. Rev.*，2005，105：1025.
[6] J. Waters, D. Crouch, J. Raftery, P. O'Brien. *Chem. Mater.*，2004，16：3289.
[7] H. Gleiter. *Adv. Mater.*，1992，4：474.
[8] K. Govender, D. S. Boyle, P. B. Kenway, P. O'Brien. *J. Mater. Chem.*，2004，14：2575.
[9] H. Yang, N. Coombs, I. Sokolov, G. A. Ozin. *Nature*，1996，381：589.
[10] X. Wang, J. Zhuang, Q. Peng, Y. D. Li. *Nature*，2005，437：121.
[11] S. N. Mlondo, P. J. Thomas, P. O'Brien. *J. Am. Chem. Soc.*，2009，131：6072.
[12] 倪星元，姚兰芳，沈军，周斌. 纳米材料制备技术. 北京：化学工业出版社，2008.

第 3 章 纳米材料结构表征

上一章中已经较为系统地讨论了纳米材料的制备问题，材料的制备及结构表征是两个十分重要，关系紧密相连的内容，本章将接着讨论纳米材料结构表征的主要手段、基本原理以及结果分析与处理等问题。

3.1 纳米材料结构的 XRD 表征

与其他材料的晶体结构分析一样，X 射线粉末衍射（XRD）通常也是纳米材料晶体结构分析的首选手段之一。

目前 XRD 仪器产自欧洲、日本，也有国产，图 3-1 为一常用 XRD 主机外观。上部分主要包括光源、样品台、测角仪和衍射探测系统，见图 3-2，其中图 3-2(b) 中装有自动进样系统；下部分包括变压器、控制电路等。

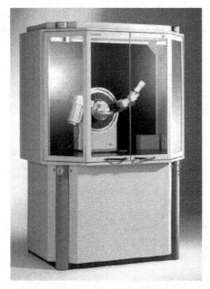

图 3-1　XRD 主机外观

3.1.1　关于 XRD 谱图

图 3-3 为纳米 MnO 的 XRD 谱图，从该图中可以看出，横坐标 2θ 为 X 射线透射线与散射线的夹角 [见图 3-2(a)]，纵坐标为衍射强度（intensity），可分别用任意量（a. u.），每秒脉冲数（cps），计数（counts）等表示其单位。在 XRD 谱图分析中，横坐标 2θ 值较为常用，纵坐标衍射强度在一定条件下可用于定量计算混合物的组分含量。

值得一提的是，目前国内外在纳米材料研究领域对 XRD 峰位置的标识，通常采用衍射指标 $[h\,k\,l]$，而不是 miller 指标 $[h^*\,k^*\,l^*]$（亦称晶面指标，$h^*\,k^*\,l^*$ 这 3 个参数为互质关系），如图 3-3 所示。这是因为两种指标有着 $[h\,k\,l]=[nh^*\,nk^*\,nl^*]$ 关系，使用前者作为衍射峰位置的标识，可直接求出衍射级数 n，并进行有关的计算。例如，图 3-3 中的

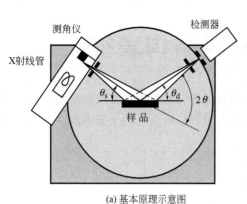
(a) 基本原理示意图

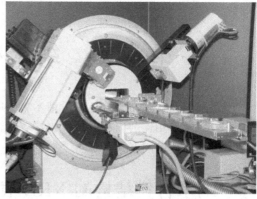
(b) 与(a)对应的具体装置

图 3-2　XRD 的基本原理

（200）峰，其衍射级数 n 应为 2，将之代入 Bragg 方程可计算出（100）晶面间的距离 d_{100}。

在 XRD 谱图分析中，一般应将对应物质的晶型检索出来，并标注标准卡片号（JCPDS No. 或 JCPDF No.）。如今，XRD 仪器附属的计算机系统均配有相关数据库检索软件，数据库中至少包括十几万个标准数据，操作较为简便。

XRD 还可测定结构更为复杂的纳米材料，如图 3-4 所示的硅氧齐聚多面体（POSS）的 XRD 表征问题，该多面体中的 8 个硅原子中有 7 个带有相同烃基，剩下的一个硅原子与另一种取代基结合。

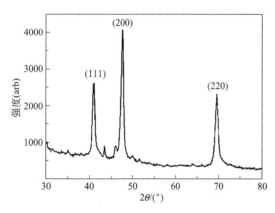

图 3-3　纳米 MnO 的 XRD 谱图

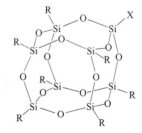

图 3-4　POSS 的结构
R＝环戊基，环己基等；X＝甲基
丙烯酸酯基，苯乙烯基等

图 3-5(a) 为一种 POSS 的 XRD 谱图，它的 4 个特征峰的位置分别为：$2\theta=8.2°$（极强峰），11.0°（强峰），12.1°（中强峰），19.0°（极强峰）。研究表明，其他具有与图 3-4 相同或类似结构的（R 和 X 基团可能不同）POSS 团簇也具有相似的 XRD 谱图。进一步的研究证实，POSS 为六方晶型，如图 3-5(b) 所示，该六方晶胞中的每一个质点代表一个 POSS 分子，（101）晶面对应 $2\theta=8.2°$，晶面距 $d_{101}=1.08\text{nm}$。

3.1.2　谢乐公式

XRD 作为历史最为悠久的晶体结构仪器分析方法，除了可测定结晶状况、晶体类型之外，还可测定晶粒大小，最为常用的数据处理手段是谢乐（Scherrer）公式的应用。图 3-6

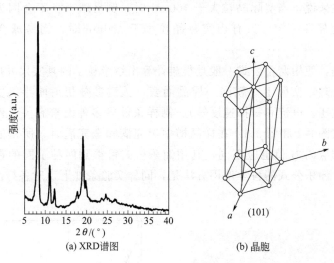

(a) XRD谱图　　　　　　　(b) 晶胞

图 3-5　POSS 的 XRD 谱图和晶胞

R＝环戊基；X＝降冰片烷基

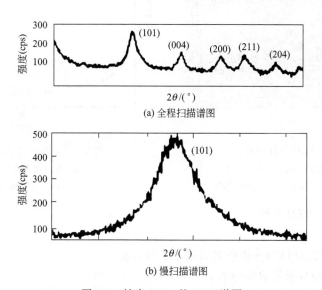

(a) 全程扫描谱图

(b) 慢扫描谱图

图 3-6　纳米 TiO_2 的 XRD 谱图

是一种超细 TiO_2 样品的 XRD 谱图，其中图 3-6(a) 为样品结构的全程扫描，表明此 TiO_2 粉末具有较好的结晶度，为锐钛矿晶型（JCPDS No. 21-1272），所显示出的宽峰图形为纳米材料 XRD 检测的特征谱图。为了准确量取最强衍射峰的半高宽（full width at half-maximum，简称 FWHM），采用慢扫描手段得图 3-6(b)，测取该图中半高宽代入谢乐公式估算出平均粒径为 4nm，该数据与采用气体吸附——脱附方法（BET 法，见本章以下内容）测出的结果较为接近。

谢乐公式为：

$$D＝0.89\lambda/(B\cos\theta)$$

式中，λ 为 X 射线的波长；B 为衍射峰半高宽（注意单位为弧度）；θ 为衍射角。一般晶体颗粒平均直径 D，实为沿该晶面（一般选择最强衍射峰）垂直方向上的厚度。此部分内容将着重讨论为什么谢乐公式可以用于估算纳米粒子的尺寸？

衍射与实际的晶面成一种倒易的关系，当实际晶体很小时，倒易球增大，也就是衍射峰的宽度变宽。一般来说，当实际晶粒大于 100nm 时，倒易球半径不会因为晶粒的大小而变化，衍射峰的宽度保存一定。只有当实际晶粒小于 100nm 时，倒易球会变大，使衍射峰变宽。

值得一提的是，使用谢乐公式一般是很难计算出纳米粒子的真实尺寸的，即使对该公式采用不同的校正处理。实际上，就同一样品而言，关键参数衍射峰半高宽 B 与仪器型号、仪器工作参数（电压、电流和扫描速度等）、制样条件等多种因素有关。例如，就制样条件而言，同一样品（图 3-7 和图 3-8）在样品槽中半充满和全充满时，所得的各自最强衍射峰高度是不同的，相应的 B 值也应不同，利用谢乐公式可得到两种不同的颗粒平均直径，这是荒谬的。因此，谢乐公式的科学使用方法是，同种实验条件下，对各样品的颗粒平均直径进行排序、估算。

图 3-7   XRD 制样照片

自左到右样品槽依次为全空、半充满、全充满，样品为金红石型纳米 TiO_2

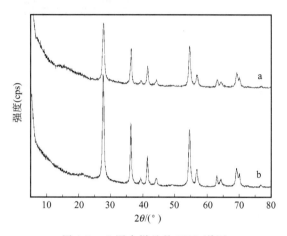

图 3-8   上图中样品的 XRD 谱图

a—样品半充满时的谱图；

b—样品全充满时的谱图

3.1.3   纳米薄膜的 XRD 表征

3.1.3.1   纳米薄膜材料

XRD 在纳米薄膜材料的分析中具有以下主要功能：

（1）薄膜的物相分析及取向分析；

（2）薄膜的厚度分析；

（3）薄膜中残余应力分析。

以下作部分简要介绍。

对比图 3-9(a)，图 3-9(b) 为用于纳米薄膜检测的 XRD 工作原理示意图，从中可以看出，薄膜检测的专用设备在入射光、反射光的处理上都有明显不同，如通常薄膜检测时要保证低角度掠射，反射光要经过特殊的狭缝处理等。图 3-10 为纳米薄膜低掠角检测实景。当然，XRD 测试纳米薄膜时，对样品台（如采用旋转样品台）、检测器、分析软件等都有新的要求。

图 3-11 为采用不同配置测试一 TiO_2 薄膜样品得到的 XRD 图谱，可以发现，在图 3-9 (a) 的常规粉末测试条件下，无法获得有用信息；在图 3-9(b) 的条件下，所得信息量较多。

图 3-12 列出了采用 CBD 法制备 ZnO 薄膜（见第 2 章）的 XRD 检测结果，检测在图 3-10 所示的装置上进行。从图 3-12 中可以看出，随着沉积时间的推移，衍射峰的强度呈递增

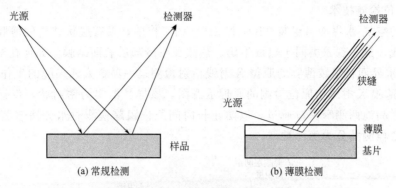

图 3-9　常规 XRD 和用于纳米薄膜检测的 XRD 工作原理

图 3-10　用于纳米薄膜检测的 XRD 装置

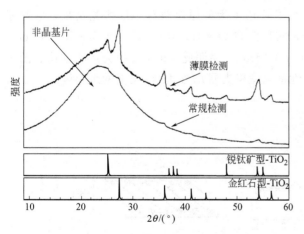

图 3-11　采用不同配置测试一
TiO₂ 薄膜的 XRD 图谱

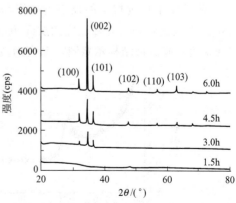

图 3-12　CBD 法制备 ZnO 薄膜的 XRD 检测

趋势，这主要归因于 ZnO 晶体生成量在沉积过程中是逐渐增加的。薄膜中 ZnO 晶体属于六方晶系纤锌矿结构（JCPDS No.36-1451），晶体主要沿 [001] 晶轴方向生长，下一章将讨论有关晶体生长的优势取向问题。

3.1.3.2 原位检测技术

在我们的空气-水界面自组装 TiO_2 和 ZrO_2 的工作中，具有层状结构的薄膜可在体系的溶液表面生成，这一现象类同于热浓牛奶、热浓豆浆冷却后表面结膜。如何在溶液的表面进行这种空气-水界面自组装薄膜的原位 X 射线衍射检测是一项令人感兴趣的工作。图 3-13 为空气-水界面薄膜 X 射线衍原位检测的原理示意图，该样品池实为密封状，仅让入射线和反射线分别从样品池两侧窄窗口通过，以防止长时间原位跟踪检测时水分快速蒸发。空气-水界面薄膜原位检测共分为两种类型。

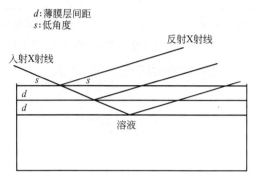

图 3-13 空气-水界面薄膜 X 射线衍射原位检测

（1）X 射线能量扫描谱（energy dispersive x-ray reflectivity，简称 ED）　此检测方法的基本原理是将入射角固定在一个低角度，例如 $0.58°$，快速改变入射 X 射线的波长（能量），并反复扫描，扫描范围为 $5\sim37keV$，当某一能量值满足衍射条件时，将产生衍射效应。采用这种 ED 方法可对薄膜的生长进行长达数天的原位跟踪检测，详细内容可见参考文献。

（2）X 射线角度扫描谱（angle dispersive x-ray reflectivity，简称 AD）　此检测方法的基本原理是在小角范围内（$2\theta=1.5°\sim4°$）快速扫描，当某一角度满足衍射条件时，将产生衍射效应。采用这种 AD 方法可对薄膜的生长进行长时间的原位跟踪检测。

图 3-14(a) 为对 TiO_2 薄膜的生长进行了长达 1 天的原位跟踪 AD 检测结果，它显示 TiO_2 薄膜在生长过程中的强衍射峰可长时间稳定在 $Q=1.9nm^{-1}$ 处。计算表明，在 $Q=1.9nm^{-1}$ 处的最强衍射峰对应的层间距值为 $3.31nm$，说明此 TiO_2 薄膜为层状结构。图 3-14(b) 为薄膜的微结构示意图，系表面活性剂（图中夹层）与 TiO_2 层面的组装体。

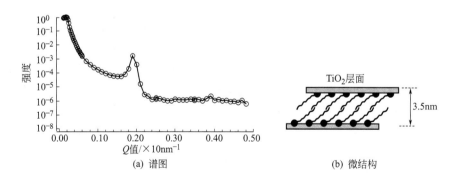

(a) 谱图　　　　　　　　　(b) 微结构

图 3-14 空气-水界面 TiO_2 薄膜原位 AD 检测

图 3-15 是对空气-水界面 ZrO_2 薄膜的生长进行了长达 40h 的 ED 原位检测结果，由 Q 值、时间和衍射强度构成的 3 维坐标图对薄膜的生长进行了详细的描述。图中反映出除了衍

射主峰在薄膜制备的早期有较大幅度位移外，自 3h 后其衍射峰基本被稳定在 $Q=1.9\mathrm{nm}^{-1}$ 处。图中还清楚反映出，随着时间的延长，衍射峰强度呈递增趋势，表明 ZrO_2 薄膜中层状结构的生长逐渐趋于完善［微结构类似于图 3-14(b)］。

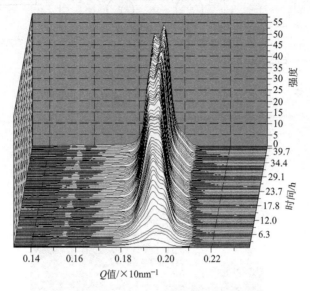

图 3-15　空气-水界面 ZrO_2 薄膜原位 ED 检测结果

总之，纳米材料研究的迅速发展极大地推进了 XRD 技术的应用，进一步的内容见本章 3.4 节。

3.2　纳米材料结构的气体吸附法表征

3.2.1　比表面积的 BET 法测定

比表面积是指每克物质中所有颗粒的表面积之和，使用单位通常是：$\mathrm{m^2 \cdot g^{-1}}$，比表面积是衡量物质（尤其是粉末）特性的重要参量。BET 法是测量材料比表面积的常用方法，其原理依据物理化学中的 BET 公式。BET 是三位科学家（Brunauer、Emmett 和 Teller）姓名的首个字母缩写。表 3-1 列出了材料的比表面积分布范围。

表 3-1　材料的比表面积分布范围

种类	大致几何尺寸	比表面积基本范围/$\mathrm{m^2 \cdot g^{-1}}$	比表面积的作用
块体材料	宏观～毫米级	0.1～1	一般不重要
超细粉体(实心颗粒)	微米级	1～20	较为重要
纳米粉体(实心颗粒)	亚微米、纳米级	50～250	十分重要
介孔材料	宏观～纳米级(整体)数纳米(孔径)	300～8000	十分重要

BET 法测量材料的比表面积可由专门的仪器来检测，其基本原理和装置见图 3-16，在此方法中，氮气因廉价易得和良好的可逆吸附特性，成为最常用的吸附质（也可用氩气）。通过这种方法测定的结果称之为"等效"比表面积，即样品的比表面积是通过其表面单分子层密吸附的氮气分子数量乘以该分子最大横截面积计算出的。主要过程为：在实际测定出氮气分子在样品表面平衡饱和吸附量（V）的基础上，再通过 BET 公式计算出单分子层饱和吸附量（V_m，单位：mL），从而求得氮气分子的数量，继而采用表面密排六方模型，求出

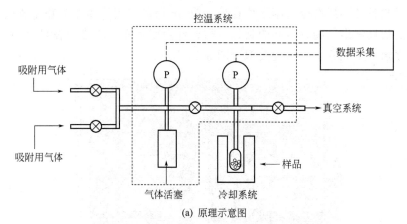

(a) 原理示意图

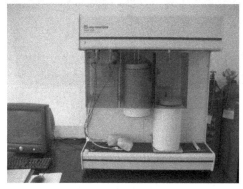

(b) 装置图

图 3-16 比表面积 BET 法测定

氮气分子等效最大横截面积（A_m，0.162nm^2），即可利用以下公式计算出被测样品的比表面积 S_g（注意单位换算）：

$$S_g = \frac{V_m N A_m}{22400W} \times 10^{-18} (m^2 \cdot g^{-1})$$

式中，W 为被测样品质量，g；N 为阿佛伽德罗常数。

利用 BET 法测定出的比表面积 S_g（$m^2 \cdot g^{-1}$），并结合样品的密度 d（$g \cdot cm^{-3}$）可以估算出样品颗粒的平均直径 D，公式如下：

$$D = 6000/S_g d (nm)$$

值得注意的是，当样品的比表面积达到数百 $m^2 \cdot g^{-1}$ 时（例如超出 300$m^2 \cdot g^{-1}$），则应考虑该样品是否有孔结构存在，上述公式往往不再适用，进一步的讨论见 3.2.2 节。

吸附等温线是指在某一温度下气体分子在样品表面上进行吸附并达到平衡时，气体吸附量与相对压力（p/p^0）的关系曲线，p/p^0 可由 BET 等方程求算出，其中 p 为气体的调控压力；p^0 为气体在该温度下的饱和压力。吸附等温线有多种类型，图 3-17 中列出了常见的 6 种，它们反映出氮气等在不同的压力或压力范围，在不同样品表面吸附和脱附的性能。其中，在曲线Ⅰ，Ⅱ，Ⅲ和Ⅵ中，吸附和脱附过程完全重合，表明吸附和脱附全过程是可逆的；在曲线Ⅳ和Ⅴ中，出现了迟滞现象，即吸附和脱附曲线不完全重合。另外，在曲线Ⅰ，Ⅱ，Ⅳ和Ⅵ中，呈现了多孔材料的吸附特征，这在介孔材料等的研究中较为常见。

图 3-18 为 3 个样品的吸附等温线，曲线（a）接近于类型Ⅲ，比表面积 5$m^2 \cdot g^{-1}$；曲

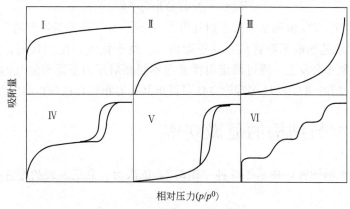

图 3-17　吸附等温线的类型

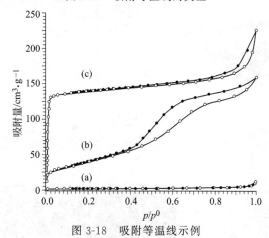

图 3-18　吸附等温线示例

线（b）接近于类型 V，比表面积 $150\text{m}^2 \cdot \text{g}^{-1}$，由此可推断该样品颗粒较细，属于纳米尺度；曲线（c）属于类型 IV，比表面积 $600\text{m}^2 \cdot \text{g}^{-1}$，显然，该样品中具有孔结构，其孔径在介孔尺度。

3.2.2　孔径分布测定

以介孔材料为代表的多孔材料已成为纳米材料研究的重要内容之一，除了以上谈及的通过吸附等温线和比表面积等内容之外，多孔材料的孔径分布和孔容积等参数的测定也较为常见。目前，相关测试仍主要采用气体吸附法。在此类测定方法中，孔径分布（也称为孔隙度）测定利用了毛细凝聚现象和体积等效代换的原理，将被测孔认定为具有毛细管结构，其中可充满液氮，该液氮的体积等效于孔的体积。根据物理化学中的有关理论，在不同的相对压力（p/p^0）下，能够发生毛细凝聚现象的孔径范围是不一样的，当相对压力增大时，发生凝聚的毛细管孔半径也随之增大。因此，对应于一定的 p/p^0 值，存在一临界孔半径 R_k，当半径小于 R_k 时，这些孔均产生毛细凝聚现象，导致液氮在其中填充；反之，大于 R_k 的孔皆不会充填液氮。临界半径 R_k（又称为凯尔文半径）可由凯尔文方程给出：

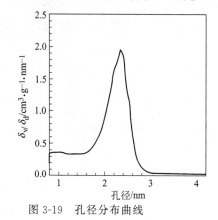

图 3-19　孔径分布曲线

$$R_k = -0.414/\lg(p/p^0)$$

从该公式中可以看出，R_k 值完全取决于相对压力 p/p^0。对于已充满液氮的孔，当压力调至低于 p/p^0 时，液氮或其他凝聚液将气化并脱附出来。对于氮气，在 77K 时，当相对压力大于 0.4，毛细凝聚现象才会发生。通过测定出样品在不同相对压力下凝聚氮气的量，可以得到其等温吸脱附曲线，同时通过 BJH 等理论方法可得出其孔容积和孔径分布曲线（图 3-19）。

3.3　纳米材料结构的显微观察

图 3-20 中的 3 幅图片，展示了 3 种"蝌蚪"，依次为：真正蝌蚪的图片，为人的肉眼观

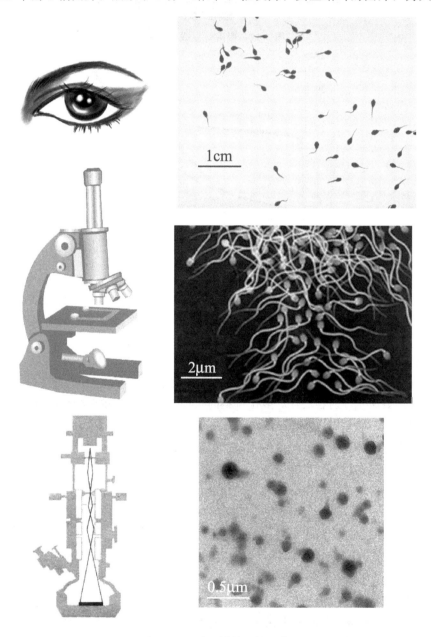

图 3-20　3 种"蝌蚪"的图像

察结果（数码相机拍摄）；精子的图像，为光学显微镜观察结果；蝌蚪状纳米粒子，为电子显微镜观察结果。这 3 幅图片反映出了人类观察自然能力的进步过程：人的裸眼观察物质的极限一般在毫米级；17 世纪发明的光学显微镜目前的分辨率比人的裸眼提高了 3 个数量级，达到了微米级；20 世纪发明的电子显微镜，其分辨率比光学显微镜又提高了 3 个数量级，达到了纳米级。

表 3-2 列出并比较了纳米材料结构表征常用的现代显微技术，以下将要分别讨论这些表征手段。

表 3-2　纳米材料结构表征常用现代显微技术的比较

名称	分辨率	检测条件	样品检测深度	对样品的损伤	评价
SEM	约 6nm	高真空	纳米、亚微米尺度	较小	操作较为简单，普及程度高于 TEM
TEM	约 0.1nm	高真空	样品厚度小于 100nm	有可能	它是观察纳米结构强有力的工具
STM	约 0.01nm	大气、真空	几个原子层	无	用于纳米结构高精度测试，还可用于原子操纵
AFM	相关性能、指标等同或相似于 STM				STM 的改进和发展，普及程度高于 STM

3.3.1　纳米材料结构的电子显微观察

SEM，TEM 同 XRD 现已成为最常用的纳米材料结构表征手段，是本章中的重点内容。

3.3.1.1　SEM

在电子显微技术等材料现代分析手段中，扫描电子显微镜（scanning electron microscopy，SEM）构造不如 TEM 等复杂，所得观测结果直观、易分析。因此，SEM 的普及程度较高，已在高等学校、科研院所、医疗机构和企业中得到较为广泛的应用，图 3-21 为 SEM 仪器基本构造的示意图和实验装置。SEM 的工作原理（图 3-22）是，来源于电子枪的电子经过聚焦等前期处理后，扫描电子束与样品相互作用后可产生多种信号，其中主要包括二次电子、背散射电子以及 X 射线等。从这些信号中均可获得有用的材料结构信息。首先是二次电子，处于样品原子中的外层不稳定电子，当受到入射电子激发时，可逃逸出样品，即产生所谓的二次电子。一般地，二次电子的产生位于样品表面以下纳米至亚微米的区域（图

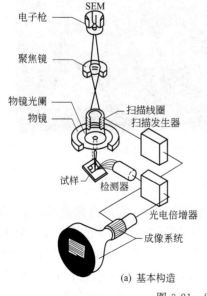

(a) 基本构造

(b) 实验装置

图 3-21　SEM 仪器基本构造和实验装置

3-22 中的球形区域），因此，SEM 实为材料表面结构的分析手段。二次电子产生的数量与电子束入射角有关，即与样品的表面结构有关，其产率主要取决于样品的形貌和成分。通常所说的扫描电镜成像指的就是二次电子成像，在图 3-22 中可见其基本原理，将收集到的二次电子经过信号放大、光电转化等处理，最终获得图像信号。

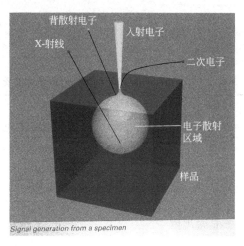

图 3-22　SEM 原理示意图

在纳米材料等材料的分析技术中，SEM 解决的问题首先是材料表面结构的表征；其次，如果这种材料是均质的，那么也可以认为所测材料表面结构一般等同于该材料的内部结构。除此之外，下面将要遇到的 STM 和 AFM 等表征手段也有类似的问题。

图 3-23 为两 SEM 图像示例，SEM 图像一般富有立体感，这是 SEM 图像的特点之一，如果使用场发射（FESEM）技术观测［图 3-23(b)］，效果更佳。由于 SEM 的分辨率不如 TEM，如果需要观测同一样品更加细致的纳米结构，可进一步使用 TEM 观测方法，详见图 3-27。

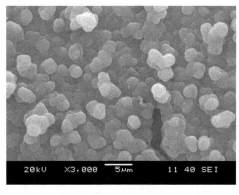
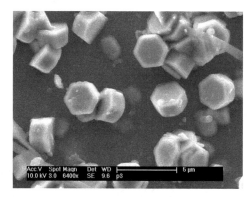

(a) TiO_2　　　　　　　　　　　　　　　　　　(b) ZnO

图 3-23　SEM 图像示例

SEM 中最为常用的附件当属元素分析 EDS（也可称为 EDX），它的全称是 Energy Dispersive X-Ray Spectroscopy，意为能量色散型 X 射线谱。EDS 的基本原理是，高能电子束将样品表面的内层电子激发到外层能级，这些不稳定电子在向基态跃迁时可发射出 X 射线，其中包含有可区分元素的特征 X 射线，该特征 X 射线可以用于元素的定性分析，同时由于某一元素的含量与 X 射线特征峰的高度有关，故 EDS 又可用于元素的定量分析。

图 3-24 为 ZrO_2/SiO_2 复合薄膜的 SEM 图像和 EDS 分析结果，EDS 分析显示样品中的主要成分是 C，O，N，Zr，Si，Cl 和 S，它们分别来自表面活性剂（作模板）和产物。其中 Zr/Si 的物质的量比为 2.39/3.94（约为 1/1.6）。

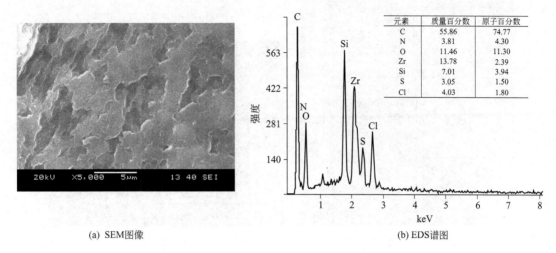

元素	质量百分数	原子百分数
C	55.86	74.77
N	3.81	4.30
O	11.46	11.30
Zr	13.78	2.39
Si	7.01	3.94
S	3.05	1.50
Cl	4.03	1.80

(a) SEM图像　　　　　　　　　(b) EDS谱图

图 3-24　ZrO_2/SiO_2 复合薄膜的 SEM 图像和 EDS 谱图

EDS 的缺陷是，对轻元素难以进行分析；对于其他元素分析的定量性稍差，更好的解决方法可采用波谱分析。

SEM 附件还包括聚焦离子束技术（FIB）、阴极荧光谱仪（CL）等多种。如电子背散射衍射技术（electron backscattered diffraction，简称 EBSD）已在晶体微区取向和晶体结构的分析中取得了较大的发展，在材料微观组织结构及微织构表征中得以较为广泛应用。

3.3.1.2　TEM

透射电子显微镜（transmission electron microscopy，简称 TEM）是 20 世纪早期发展起来的新型显微技术，图 3-25 是早期和近期使用的 TEM 装置实物图像，从中可以看出，TEM 技术历经数十年的发展，现已发生很大变化并已日臻成熟。

TEM 的原理较为复杂，在此仅简单介绍。为便于理解，图 3-26 将 TEM 基本构造与普通光学显微镜进行了对比，两者的基本原理可以认为是大致相似的，它们主要由光源、物镜和投影镜三部分组成，其本质的区别在于，TEM 用电子束代替光束，用磁透镜代替玻璃透镜。当高能电子束穿透试样时，可发生透射、散射、吸收、干涉和衍射等多种效应，使得在相平面形成衬度（即明暗对比），从而显示出透射、衍射、高分辨等图像。

过去，TEM 的图像一般通过传统的照相技术获得。如今，CCD 观察正逐渐替代照相底片记录，将结构直接显示在计算机屏幕上 [图 3-25(b)]。

本书中多处附有 TEM 图像，在此就不再展示过多的有关图像。图 3-27 为一 ZrO_2 样品 SEM 和 TEM 的观测结果，从它的 SEM 观测中可以发现，ZrO_2 为圆盘状结构，直径多数在数十至数百纳米，该样品的 TEM 观测结果与之是相吻合的。但是，TEM 观测前期的样品制备一般是采用液相超声分散方法，因此，能够稳定存在于样品担载膜表面，并被 TEM 观测到的通常是直径相对较小的颗粒。另外，图 3-27 中从（b）至（d），随着 TEM 放大倍数的增加，观测到的样品结构愈加精细，可以发现 ZrO_2 圆盘实为同心多元环的结构（相关内容见第 8 章）。

TEM 最为重要的附属功能之一是获取观测样品的电子衍射（ED）花样，常用的方法包

 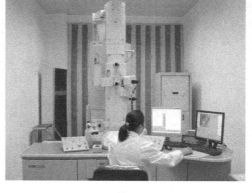

(a) 早期　　　　　　　　　　　　　　　(b) 近期

图 3-25　TEM 实验装置

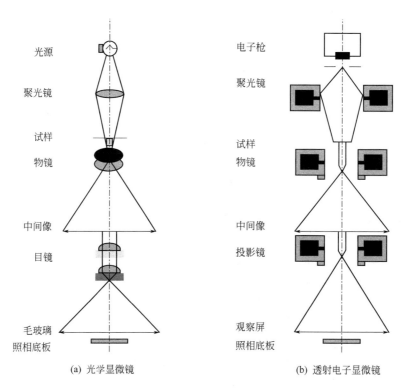

(a) 光学显微镜　　　　　　　　　　　　(b) 透射电子显微镜

图 3-26　光学显微镜与透射电子显微镜的比较

括光阑选区衍射和微束选区衍射等方法，前者面积多在 $5\mu m^2$ 以上，后者可在 $0.5\mu m^2$ 以下。其中，光阑选区衍射是通过在物镜像平面上插入选区光阑，控制参加成像和衍射的区域实现的。详见本章以下内容。

　　TEM 有多种附件，涵盖面很广，除了元素分析 EDS 等外，还包括单色器、球差校正

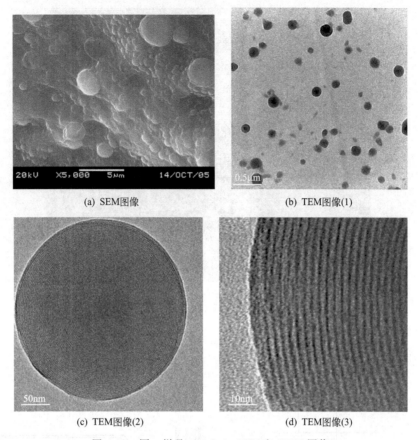

(a) SEM图像　　　　　　　(b) TEM图像(1)

(c) TEM图像(2)　　　　　　(d) TEM图像(3)

图 3-27　同一样品（ZrO₂）SEM 和 TEM 图像

器、三维重构等。随着我国经济实力和科研水平的快速提升，一些 TEM 附件的使用正越来越普及，如电子能量损失谱仪（electron energy loss spectroscopy，简称 EELS）等。

最近几年，球差校正透射电子显微镜已在市场上出现（atomic resolution microscopy，简称 ARM）。高分辨透射电镜（HRTEM）的分辨率一般可以到 0.2nm 左右，经过多年的发展，再简单地通过提高加速电压来提高分辨率已很难再有新的突破。终于，球差校正技术的诞生使分辨率突破了 0.1nm，实现了 TEM 原子尺度下的观测（图 3-28）。

3.3.2　纳米材料结构表征的 STM 和 AFM 技术

3.3.2.1　STM

STM 意为扫描隧道显微镜（scanning tunneling microscopy），它的发明实现了人们对微观世界的深入观察，即可以直接观察到物质表面的原子结构。另外，STM 还具有搬动原子的功能。因此，在纳米科学这一新兴学科正式诞生的前夕，国际上就已掀起了研制和应用STM 的热潮，有利推动了纳米科技的发展。

STM 的工作原理是建立在量子力学中的隧道效应基础之上的。按照经典物理学理论，当一个粒子的动能 E 低于前方势垒的高度 Φ_0 时，它是不能够穿越此势垒的，即透射系数等于零；但依照量子力学的计算结果，在一般情况下，其透射系数不等于零，也就是说，存在粒子穿越比它能量更高势垒的可能，即可以产生隧道电流，如图 3-29(a) 所示，这个现象称为隧道效应。

图 3-28　一款 ARM（插图为一观测结果）

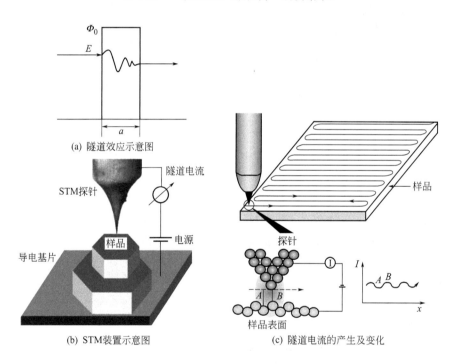

图 3-29　STM 装置示意图和隧道电流的产生及变化

　　图 3-29(b) 为 STM 装置示意图，STM 装置中的一个关键器件是探针，由于探针与样品是不接触的，按照传统观念，这无法形成电流闭合回路。但实际上，由于隧道效应的存在，图 3-29（b）中确实形成了电流闭合回路。图 3-29(c) 进一步展示了探针在样品表面的扫描方式，以及隧道电流的变化规律。最为关键的是，隧道电流强度同探针针尖和样品之间的距离 [图 3-29(a) 中 a 值，图 3-29(c) 中 A，B 值] 有着指数依赖关系，如果距离减小 0.1nm，隧道电流约可增加一个数量级。显然，隧道电流的变化反映的是样品表面细微的高

低起伏变化，将隧道电流放大并转化成图像信号，就可以得到样品表面的结构信息，这就是
STM 的工作原理。图 3-30 为 STM 的装置图和探针的放大图像。

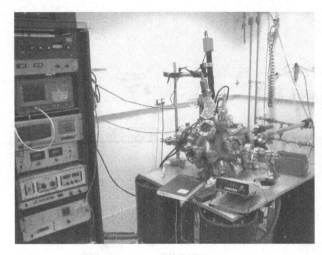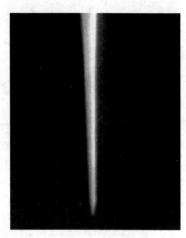

(a) STM的装置图　　　　　　　　　　　　(b) 探针的放大图像

图 3-30　STM 的装置图和探针的放大图像

由于 STM 的分辨率极高（0.01nm），它可以观察到材料表面的原子、分子以及相关聚
集体的形貌。图 3-31 为一 STM 图像示例，它清晰地反映出所观察样品的表面结构，这种周
期性的带状结构富有立体感。

图 3-31　STM 图像

多少年来，人们通常只是关注如何提高人工搬运物品的能力 [图 3-32(a)]，阿基米德所
曾说过："给我一个支点，我可以撬起地球"。实际上，自然界存在着人工搬运能力两个截然
不同的发展趋势，一个是向着搬运体积和质量越来越大的方向发展，另一则是向相反的方
向努力。图 3-32(b) 介绍了利用 STM 技术搬运原子的原理，其实质还是利用了隧道电流。
当探针和样品表面之间形成隧道电流时，第三类物质（如原子）可被吸附在针尖和样品表面
之间；当探针和样品表面之间的隧道电流消失时，吸附作用也随着消失。

图 3-33 中介绍了运用 STM 技术搬运原子的过程，STM 技术发明后不久，人们就开始
尝试利用它来搬动、摆放分子和原子。最初的标志性成果是，在 Ni 晶体的表面，使用了 35

个 Xe 原子"写"出了 IBM 这 3 个字母，设计了当时世界上最小的人工图案。不仅如此，这项 STM 技术还在信息高密度存储领域有着潜在应用价值。

(a) 2008年四川地震抢险中, 大型
直升机吊载着挖掘机飞行

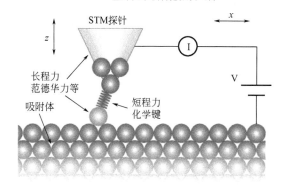

(b) STM搬运原子原理

图 3-32　自然界搬运能力的两个极端

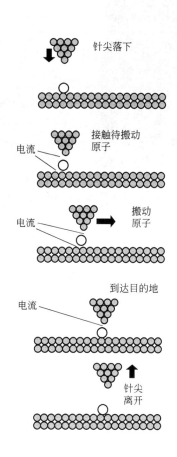

图 3-33　STM 技术搬运原子的过程示意图

3.3.2.2　AFM

原子力显微镜（atomic force microscopy，简称 AFM）是在 STM 基础之上的改进和发展，两者原理上有一定的相似之处。目前，AFM 的使用比 STM 更加普及，主要原因是，采用 STM 技术观测时，样品须具有较好的导电性，而 AFM 无此限制。

STM 与 AFM 的原理有着明显的相似之处，前者利用了针尖和样品表面之间的隧道电流，后者则利用了针尖和样品表面之间的相互作用力。从图 3-34 中可以看出原子之间的作用力随彼此间距离远近而发生的变化。

图 3-35 和图 3-36 为 AFM 的原理和设备等的介绍。在 AFM 的仪器中，关键器件是一个对微弱作用力十分敏感的微悬臂，它的一端固定，另一端附有一微小的探针。当探针的针尖与样品表面十分接近时，由于位于针尖前端的原子与样品表面原子间产生极微弱的排斥力，当水平扫描时，由于针尖与样品表面的距离发生变化而导致排斥力随之改变（图 3-35，类似于图 3-29 中 STM 的原理），从而引起带有探针的微悬臂在垂直于样品表面的方向上下运动。利用激光检测等方法，可测得微悬臂位置变化，将此信号经光电转化最终变成图像信

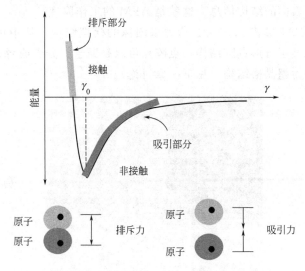

图 3-34 原子之间的作用力随彼此间距离的关系及变化

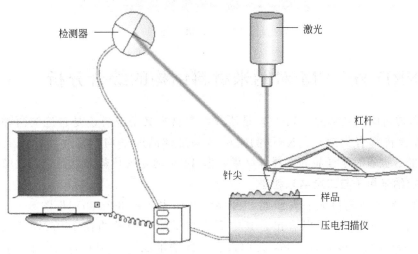

图 3-35 AFM 仪器构造示意图

 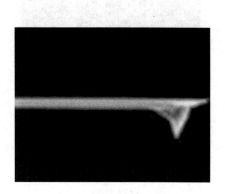

(a) AFM的装置图   (b) 微悬臂-探针的图像

图 3-36 AFM 的装置图和微悬臂-探针的图像

号，就可以得到样品表面的结构信息，这就是 AFM 的工作原理。

　　图 3-37 为常见的 AFM 图像，左上角为该图像的模拟结构。从中可以看出，所测样品的表面可看成具有二维正方形点阵结构，点阵点可以是原子、分子或者是纳米粒子（如果是纳米粒子，该图像即为超晶格结构，见下一章讨论）。

图 3-37　AFM 图像

3.4　XRD 与 TEM 对纳米材料结构的综合分析

　　XRD 和透射电子显微镜（TEM）是研究纳米材料必备或者说是首选的两种检测工具。这两种方法各自都有优缺点，XRD 测定的结果是样品的平均、整体性的，定量性能好；TEM 测定的数据有时是样品的选择性结果，但 TEM 测定的优势显然是它的成像功能。

3.4.1　一次纳米粒子与二次纳米粒子

　　由于纳米粒子具有巨大的表面能，可导致其团聚。图 3-38（b）是图 3-38（a）的进一步的放大图像，通过对比可以看出，其中每个粒子的直径都约在 100nm，每个粒子（二次纳米粒子 secondary nanoparticle）是由很多一次纳米粒子（primary nanoparticle）团聚而成的。对于纳米材料的 XRD 谱图而言，利用 Scherrer 公式计算出的是一次纳米粒子的直径。

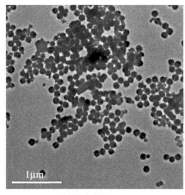
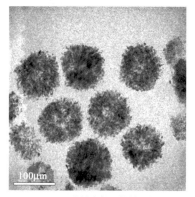

(a) 二次纳米粒子　　　　　　　　　　　(b) 二次纳米粒子的精细结构

图 3-38　纳米粒子的 TEM 图像

3.4.2　粒径分布

　　纳米粒子的粒径分布统计是纳米材料研究中常遇到的问题，尽管现在已有多种分析测试纳米材料粒径分布的方法，如小角 X 射线散射等，但可信度最高的当属依托 TEM 技术的统计方法。在图 3-39 中，纳米粒子粒径分布是通过人工计数（manual measurement）的方法从 TEM 图像中统计出的，其不足之处是统计过程较为耗时。

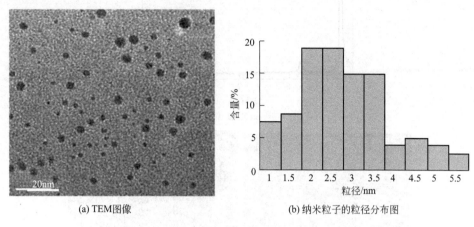

(a) TEM图像　　　　　　　　(b) 纳米粒子的粒径分布图

图 3-39　利用 TEM 图像统计纳米粒子的粒径分布

3.4.3　XRD 与 HRTEM

　　TEM 表征不仅可以提供纳米材料的尺寸、几何形状、颗粒均匀性、颗粒分散程度等品质参数，它的高分辨功能（HRTEM）还可观察到纳米材料的晶格结构，如图 3-40 所示。从 HRTEM 的结果判断对应晶面的晶面距（d 值）是一常见问题，其基本做法是：先利用 HRTEM 的结果估算，再利用 XRD 的结果校正。在 HRTEM 图像的解析中，经常可以看见的现象是，人们往往更加注重直接从条纹中量取结果。这样处理是容易产生误差的，一是在读取测量值时（无论是人工还是通过软件）；二是 HRTEM 图像拍摄过程中操作者的经验与技术问题，如图 3-41，HRTEM 拍摄时聚焦的控制即可对结果产生较大影响，对比图 3-41 中的（b）与（c），后者的聚焦状态更真实，即 d 值接近 3.2nm［图 3-41(a)］。因此，更好的处理方法是，先利用 HRTEM 图像中的条纹线距离和多晶面时的相关取向，估算出该条

图 3-40　纳米材料的 HRTEM 图像

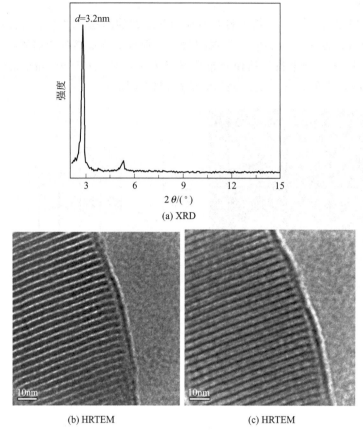

图 3-41　聚焦 HRTEM 图像真实性的影响

纹线对应的晶面，然后再用相同样品的 XRD 检测结果进行矫正，对于大多数晶体物质而言，都有 XRD 检测出的标准数据，如 d 值等，可信度高。

3.4.4　XRD 与 ED

电子衍射和 X 射线衍射一样，也遵循布拉格公式 $2d\sin\theta = n\lambda$，但是，由于电子的质量远大于光子的运动质量等原因，造成两种衍射有一定的差异，部分对比见表 3-3。

表 3-3　XRD 与电子衍射的比较

项目	与物质作用	穿透深度辐射广度	样品制备	波长	Bragg 角	探测应变
电子衍射	强	小 小	较难	约 0.0025nm	小	$10^{-3} \sim 10^{-4}$
XRD	弱	大 大	较易	约 0.154nm	大	$10^{-5} \sim 10^{-6}$

3.4.4.1　关于 ED

ED 的图像有多种，有些甚至较为复杂，图 3-42 列出了 3 种常见类型的 ED 图案，它们依次对应非晶、多晶和单晶结构。

3.4.4.2　XRD 与 ED 的分析结果解析

如前所述，TEM 中的电子衍射，其衍射几何与 X 射线完全相同，都遵循布拉格方程所规定的衍射条件和几何关系。ED 的方向可以由厄瓦尔德球（反射球）作图求出，许多问题

(a) 弥散环　　　　　　　　　(b) 同心多元环　　　　　　　　(c) 对称斑点

图 3-42　三种常见类型的 ED 图像

都可用与 X 射线衍射分析相类似的方法处理。

描述 XRD：通常采用点阵理论（又称正空间）；

描述 ED：通常采用倒易点阵理论（又称倒空间），它是晶体点阵的另一种表达式。

另外，从以下分析中还可以看出，有些倒易点阵和 XRD 点阵有着密切的联系（图 3-44）。

与 XRD 谱图分析不同，单晶电子衍射花样的正确分析常常是一项更为复杂的工作。原因有二，①电子衍射花样的复杂性，ED 过程存在多种干扰因素，包括样品的取向，二次衍射等等；②即使得到了理想的电子衍射花样，分析过程对多数人来说，不如对 XRD 谱图分析那样熟悉。

一般说来，大致有 3 种单晶 ED 花样解析方法：

（1）简便的方法　本章中将较为详细讨论此方法。

（2）查书　通过比对一些专著中列出的标准数据，标出结果。

（3）严格推理　这是最为严谨的推断方法，尤其适合未知晶体结构的测定。此方法的使用是建立在对晶体衍射学系统学习基础之上的。

本书作者根据他人文献，结合自己的经验，总结出了适合于纳米材料化学研究中 ED 花样的标识方法。该方法建立在图 3-43 和图 3-44 所示的原理之上。

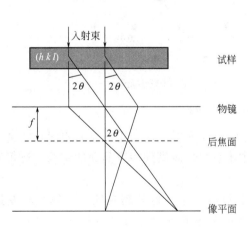
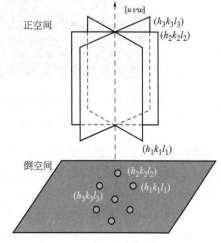

图 3-43　ED 图像形成的原理示意图　　　　图 3-44　晶带正空间与倒空间对应关系图

可利用图 3-45 中的思路来推断纳米 ZnO 沿 [001] 晶轴方向的 ED 标识。首先，根据

XRD 的结果得知样品属六方晶型；一般说来，与入射电子束平行的晶面可以出现衍射，在图 3-45（b）中，入射电子沿平行 [001] 晶轴的方向（也可说成入射电子沿垂直（001）晶面的方向）运行；最终，该 ED 标识取决于与入射电子束平行的晶面指标和相关对角线的夹角 [图 3-45(c)]。

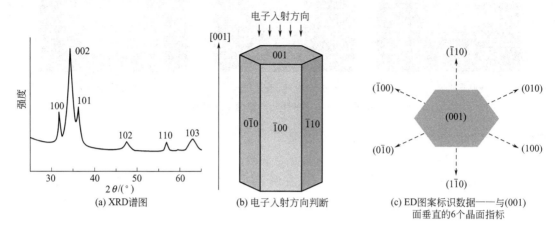

(a) XRD谱图　　　　　(b) 电子入射方向判断　　　　(c) ED图案标识数据——与(001)面垂直的6个晶面指标

图 3-45　六方晶型 ZnO 沿平行 [001] 方向 ED 图案分析

图 3-46 和图 3-47 是两个实例，入射电子都是沿平行 [001] 方向，即与入射电子束平行的晶面指标（也是与（001）面垂直的各晶面指标）就是 ED 图案一级衍射的标识数据（而在同一对角线上的后续斑点依次为 2，3…n 级衍射）。

由此可以总结，对于理想 ED 图案的简便分析，依靠的是对电子入射方向和有关晶面结构的正确判断。

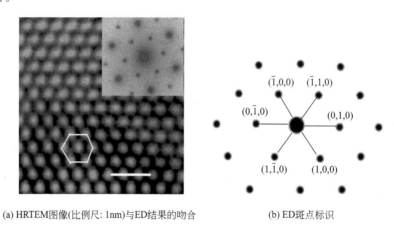

(a) HRTEM图像(比例尺: 1nm)与ED结果的吻合　　　(b) ED斑点标识

图 3-46　六方型 ED 花样的分析

另外，在图 3-46 和图 3-47 中，都有对应（即电子束入射方向与 ED 检测相同）的高分辨透射电子显微镜（HRTEM）观察的图像，从中不仅可以观察到相应晶面的结构，还可测出相应 d 值。

本小节最后还要指出一点，对于 TEM 中 CCD 的一个图像处理功能——傅立叶变换（FTT）而言，它从 HRTEM 图像中获取的变换图像等同或相似于 ED 花样。例如，将图 3-47(b) HRTEM 图像进行 FTT 处理，所得图像与该图左上角的 ED 图案应该是一样的。

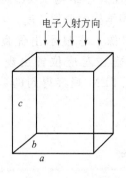

电子入射方向

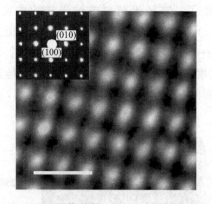

(a) 判读辅助示意图　　　　　　　　(b) HRTEM图像(比例尺: 1nm)与ED结果的吻合

图 3-47　立方型纳米晶 ED 花样的分析

3.4.4.3　XRD 与 ED 的分析结果的吻合

TEM 观察纳米材料时常伴有电子衍射辅助测试，图 3-48 展示了一将 XRD 分析与电子衍射测试相结合的工作，它表明 XRD 结果与电子衍射结果是一致的。表 3-4 进一步对这两种衍射进行了比较。

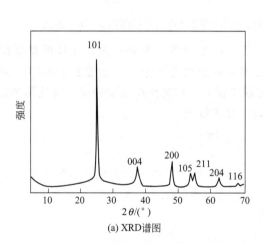

(a) XRD谱图　　　　　　　　　　　(b) 电子衍射图案

图 3-48　锐钛矿结构纳米 TiO_2 的 XRD 图谱及其电子衍射图案

表 3-4　一纳米 TiO_2 样品的电子衍射结果

衍射环编号	1	2	3	4	5	6
衍射指标	101	004	200	105＋211	204	116
晶面距/nm	0.353	0.236	0.189	0.167	0.151	0.134

电子衍射基本公式为：

$$Rd = \lambda L = K$$

其中，R 为衍射斑或衍射环与透射斑（ED 图案圆心）之间的距离；d 为晶面间距；L 为电子衍射的相机长度；λ 为入射电子束的波长。由于 L 和 λ 一般都为固定值，两者的乘积 K 为常数，称为相机常数。

3.4.5　有序结构纳米材料的表征

纳米材料研究热的兴起，极大地丰富了 Bragg 方程的内涵，即该方程中的 d 值已不仅仅局限于晶面距了。在纳米材料或纳米结构中，只要出现有序结构（ordered structure），XRD 检测时理论上都可出现 Bragg 峰，所得 d 值对应有序结构的单位长度。

　　图 3-49 为一种层状结构无机纳米材料的 TEM 图像，它显示出优良的结构有序性，其层的宽度约为 3nm，同样品的 XRD 检测也的确在对应位置出现了 Bragg 峰，利用 XRD 检测结果，可得出层的宽度为 3.27nm，而 TEM 观察得到的数据准确程度稍差。

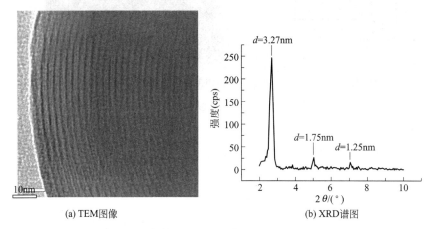

(a) TEM图像　　　　　　　　　　　(b) XRD谱图

图 3-49　一种纳米层结构的 TEM 图像及该纳米层结构的 XRD 图谱

　　对于多孔材料、层状纳米材料等而言，其 X 射线衍射峰一般均在较低甚至很低的角度出现（如图 3-50），此时常规的 XRD 技术有时显得无能为力，这就需要小角 X 射线衍射技术进行高精度的检测。所得衍射谱图的横坐标——扫描角度通常使用一特殊的参数 Q，单位为 nm^{-1}。Q 值与 2θ 值的换算可通过以下公式得到：

$$Q = \frac{4\pi}{\lambda}\sin\theta$$

　　式中，λ 为入射 X 射线的波长；θ 为 Bragg 角。再将该公式代入人们所熟知的 Bragg 方程，可得低角度下对应的层间距 $d = 2\pi/Q$ 这一重要结论，它可用于多孔材料的孔径估算，其计算步骤比直接使用 Bragg 方程简便。

图 3-50　多孔 SiO$_2$ 的 TEM 图像

　　采用多孔聚苯乙烯作模板可制备纳米 CdS，小角 X 射线衍射（SAXS, small angle X-

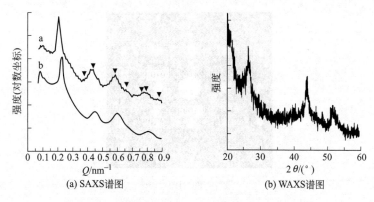

(a) SAXS谱图　　　　　(b) WAXS谱图

图 3-51　模板/CdS 的 SAXS 谱图和 WAXS 谱图

ray scattering）是重要的表征手段，图 3-51 为模板-多孔聚苯乙烯的衍射图像，孔径为 31nm 左右；CdS 在聚苯乙烯的孔穴中形成后，其谱图［图 3-51(b)］与图 3-51(a) 基本对应，显示了多孔聚苯乙烯的模板功能，但孔穴中的 CdS 在宽角度范围中出现衍射峰［图 3-51(b)］，在 $2\theta=26.5°$，$44.1°$，$51.6°$ 的衍射峰为 CdS 的六方晶型的特征峰，由 Scherrer 公式估算出平均粒径为 29nm，这接近于聚苯乙烯模板孔径。

　　已花了较多的篇幅讨论了 XRD 与 TEM 检测的关联分析问题。总之，对于纳米材料研究而言，理想的处置为，XRD 与 TEM 同时使用，两者互补。

　　纳米材料的结构表征还有其他一些手段，如 X 光电子能谱（XPS）、拉曼（Raman）光谱、核磁共振（NMR）等，有些将在本书后续章节进行介绍，如在第六章中将讲述紫外-可见（UV-Vis）光谱在纳米材料结构表征中的应用。

思考题与习题

1. 根据本章图 3-7 中的 XRD 谱图，检索图中 TiO_2 所属晶型及数据库中对应的卡片号。

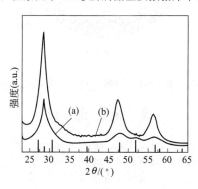

图 3A

2. 图 3A 为两种纳米 ZnS 的 XRD 谱图，一种为六方晶型，另一种为立方晶型；一种在 140℃下制得，另一种在 160℃下制得。试回答以下问题：

　　（1）哪一种 ZnS 样品颗粒较大？

　　（2）哪一种 ZnS 样品在 160℃下制得？

　　（3）哪一种 ZnS 样品为立方晶型？

3. 解释图 3-12 中（002）所代表的 X 射线学物理意义。

4. 从理论上分析光学显微镜放大倍数的极限问题。

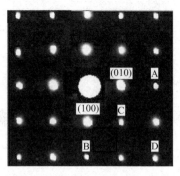

图 3B

5. 标注图 3B 的 ED 花样中 A，B，C，D 各位置的衍射指标。

6. 如何利用 BET 公式求算 V_m 和 p/p^0 两参数？

7. 在 BET（气体吸附法）测试中，证明纳米颗粒的平均直径 $D = 6/(dS_w)$，式中，d 为试样密度，S_w 为纳米颗粒的比表面积，即单位质量试样的表面积。

8. 电子显微镜（SEM，TEM）为什么要使用真空系统？

9. 使用 STM 技术操纵原子时，为什么需要在低温和真空条件下进行？

10. 举出一种可观察纳米级颗粒的仪器；在放大 100，000 倍的图像中，1cm 的长度代表了实际长度为多少？光学显微镜能否观察到纳米级的颗粒？

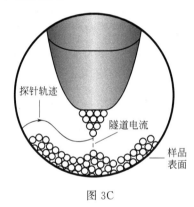

图 3C

11. 在 STM 检测时，如果探针按图 3C 所示方式扫描，相应的电流曲线如何变化？

参 考 文 献

[1] B. E. Warren. X-ray Diffraction. General Publishing Company. 1969.

[2] 梁敬魁. 粉末衍射法测定晶体结构. 北京：科学出版社，2003.

[3] 马礼敦. 近代 X 射线多晶衍射. 北京：化学工业出版社，2004.

[4] 麦振洪. 薄膜结构 X 射线表征. 北京：科学出版社，2007.

[5] 傅献彩等. 物理化学. 第 5 版. 下册. 北京：高等教育出版社，2008.

[6] 张礼. 近代物理学进展. 北京：清华大学出版社，1997.

[7] X. H. Liu, J. Yang, L. Wang, X. J. Yang, L D Lu, X. Wang. *Mater. Sci. Eng*. A，2000，289：241.

[8] G. Xiong, Z. L. Zhi, X. J. Yang, L. D. Lu, X. Wang. *J. Mater. Sci. Lett*.，1997，16：1064.

[9] X. H. Liu, C. Kan, X. Wang, X. J. Yang, L. D. Lu. *J. Am. Chem. Soc*.，2006，128：430.

[10] X. H. Liu, H. Z. Wang, D. Y. Chen, Y. Wang, L. D. Lu, X. Wang. *J. Appl. Polym. Sci*.，1999，73：2569.

[11] A. J. Waddon, E B. Coughlin. *Chem. Mater*.，2003，15：4555.

[12] J. Yang, D. Li, X. Wang, X. J. Yang, L. D. Lu. *Mater. Sci. Eng.* A, 2002, 328: 108.

[13] M. J. Henderson, D. King, J. W. White. *Langmuir*, 2004, 20: 2305.

[14] M. J. Henderson, D. King, J. W. White. *Aust. J. Chem.*, 2003, 56: 933.

[15] B. J. S. Johnson, J. H. Wolf, A. S. Zalusky, M. A. Hillmyer. *Chem. Mater.*, 2004, 16: 2909.

[16] A. S. Brown, S. A. Holt, P. A. Reynolds, J. Penfold, J. W. White. *Langmuir*, 1998, 14: 5532.

[17] X. M. Lu, K. J. Ziegler, A. Ghezelbash, K. P. Johnston, B. A. Korgel. *Nano Letts.*, 2004, 4: 969.

[18] L. Z. Wang, T. Sasaki, Y. Ebina, K. Kurashima, M. Watanabe. *Chem. Mater.*, 2002, 14: 4827.

[19] 朱永法. 纳米材料的表征与测试技术. 北京：化学工业出版社，2006.

第4章 纳米材料晶体学

晶体学在纳米材料的研究中占有重要地位，这是因为很多纳米材料都具有一定的结晶性能。纳米材料晶体学建立在普通晶体学基础之上，另外，本书也在第1章至第3章中陆续介绍了一些纳米材料晶体结构方面的知识。本章中，我们将着重介绍纳米材料研究和晶体学之间的关系，而对晶体学基础一般不做赘述。

4.1 关于 ZnO 的六方晶型

通过了解和认识 ZnO 的六方晶体类型，将有利于本章后续一些知识的学习。

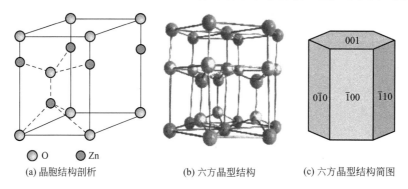

(a) 晶胞结构剖析   (b) 六方晶型结构   (c) 六方晶型结构简图

图 4-1 ZnO 的六方晶系结构

在纳米 ZnO 的研究中，最为常见的晶体结构为六方晶系纤锌矿（hexagonal wurtzite）的结构，如图 4-1 所示，为了便于理解，图 4-1(a) 首先给出的是该晶胞的剖析结构，它相当于六方晶形 [图 4-1(b) 的三分之一]。六方晶系 ZnO 晶胞参数：$a = 0.325$nm $c = 0.521$nm。在图 4-1(c) 中，a 和 b 轴位于正六边形的平面上，c 轴垂直于该平面，ZnO 的六方晶胞属于 $P6_3mc$ 空间群。除 ZnO 之外，BeO，ZnS，AlN 等晶体也可具有类似结构。

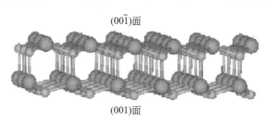

图 4-2 六方 ZnO 晶体的（001）面和（00$\bar{1}$）面的表面结构（大球：O；小球：Zn）

晶体表面科学认为，一些晶体（指单晶，single crystal，下同）可以存在极性（polar）的表面，最近研究的一个关注热点就是六方 ZnO 晶体。按此理论，在图 4-1 中，如果六方 ZnO 晶胞的上表面为（001）面，则该晶胞对应的下表面必为（00$\bar{1}$）面。当（00$\bar{1}$）面作为表面时（图 4-2），该晶面实为 O 原子构成的，但此时 O 原子与 Zn 原子的配位已不同于晶体内部，在晶体内部，1 个 O 原子与 4 个 Zn 原子配位，形成四面体结构 [图 4-1(a)]，而在

（00$\bar{1}$）表面，1 个 O 原子只与 3 个 Zn 原子的配位，形成配位空缺，导致 O 原子带有富余的电荷（δ^-）；反之，在由 Zn 原子构成的（001）面作表面时，Zn 原子的配位空缺将导致 Zn 原子带有富余的电荷（δ^+）。由此可见，（001）和（00$\bar{1}$）两晶面作为表面时都具有极性，所带电荷相反，但绝对值相等，故整个晶体仍呈电中性。需要指出的是，由于本章后续内容将体现出（00$\bar{1}$）面作表面时具有重要的表面反应活性，故图 4-2 和本章后续相关内容将该晶面向上放置。

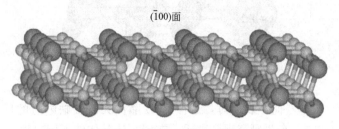

（$\bar{1}$00）面

图 4-3　六方 ZnO 晶体的（$\bar{1}$00）面的表面结构

大球：O；小球：Zn

与六方 ZnO 晶体的（001）面和（00$\bar{1}$）面作表面时不同，当（$\bar{1}$00）面作表面时（图 4-3），其表面不具有极性，即该表面呈电中性。这是由（$\bar{1}$00）面作表面时自身结构决定的，从图 4-3 中可以看出，该表面结构中的（$\bar{1}$00）面由 O 原子与 Zn 原子构成，尽管此时的 O 原子与 Zn 原子都存在不饱和配位，但由于 O 原子与 Zn 原子数量相同，故多余正负电荷互相抵消，整个表面呈电中性。

4.2　表面缺陷

晶体表面缺陷是纳米材料表面结构中的一个重要问题，纳米材料的表面缺陷主要包括：空位（vacancies）、原子吸附（adatoms）、齿状结构（steps）、位错（dislocations）等。

其实，在本章 4.1 节中 ZnO 晶体极性表面的相关讨论中，就已涉及了晶体表面的空位问题，现在将继续讨论此类缺陷与化学反应活性的问题。

在绝大多数情况下，许多纳米金属氧化物很容易形成表面羟基结构，这是纳米金属氧化物的重要特性。图 4-4 分析了相关机理和成因，当 ZnO 晶体（00$\bar{1}$）面作表面时，从理论上说，其表面上的 O 原子具有很强的与 H 原子结合的能力，原因有两个：第一，表面上的 O 原子携有多余的负电荷，易于同正电性的 H 原子（如 H^+）结合；第二，O 原子在该表面处于向外凸出的位置，与 H 原子结合时，空间位阻小，有利于反应进行。

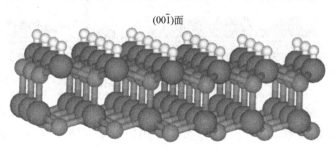

（00$\bar{1}$）面

图 4-4　ZnO 晶体有表面缺陷的反应

大球：O；中球：Zn；小球：H

$(\overline{1}00)$面

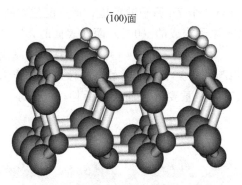

图 4-5　ZnO 晶体无表面缺陷的反应
大球：O；中球：Zn；小球：H

作为对比，当 $(\overline{1}00)$ 面作表面时，这种 ZnO 晶体无表面缺陷时的反应是不具有图 4-5 中所介绍的那种特征的。有关研究现已表明，在同一块晶体的不同表面上，对某一具体化学反应而言，确实表现出不同的活性差异。本章后续内容还将涉及一些这样的问题。

在图 4-5 中得到的结果基础之上，进一步的研究表明，相关表面［即 $(00\overline{1})$ 面作表面］上的羟基还可与 CO 分子产生吸附，其吸附模型为，CO 分子垂直吸附于 ZnO 的晶面，界面上相互作用的原子为 H 原子和 C 原子，如图 4-6 所示。

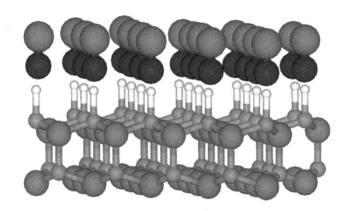

图 4-6　ZnO 晶体有表面缺陷的深入反应
图中下半部分，大球：O；中球：Zn；小球：H。图中上半部分，CO 分子

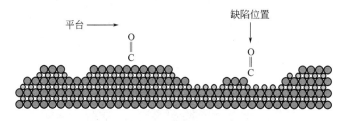

图 4-7　有表面缺陷的 ZnO 晶体表面

图 4-7 显示的为呈锯齿状表面缺陷的 ZnO 晶体，有关研究评估了该晶体表面上的平台（terrace）区域和缺陷区域 Zn 原子与 CO 分子作用的效果，结果表明，在光滑的平台区域，CO 分子在 ZnO 晶体表面可产生更好的吸附效果。

本章 4.1 节和 4.2 节中的内容主要涉及六方 ZnO 晶体表面科学的研究，既有实验工作

（如 XPS，STM 等），也有理论模拟和计算，研究工作难度较大，结果也较为复杂。在此，我们只是做了重点的、简要的介绍，如需得到更详尽的内容，可参阅本章参考文献。

4.3　纳米晶体生长的取向性

纳米晶体生长的取向对控制纳米材料的几何形貌至关重要，以下通过纳米 ZnO 的实例加以说明。

图 4-8 中分别给出了接近球形和棒状两种纳米 ZnO 的形貌，图 4-9 中为这两种纳米 ZnO 的 XRD 谱图，它们都属于六方晶系纤锌矿结构（JCPDSNo.36-1451），从这两幅 XRD 谱图中可以看出，两种 ZnO 纳米晶体具有明显不同的生长取向。对比图 4-9 中的（a）和（b），可以看出（b）图中（002）衍射峰的强度明显增大，该衍射峰实为（001）晶面的 2 级衍射，表明对应晶体的生长优势取向是沿 [001] 晶轴方向（见图 4-10），[001] 晶轴垂直于（001）晶面，晶轴符号采用中括号。由于图 4-9（b）中所示的晶体沿 [001] 晶轴取向性生长，导致了棒状纳米 ZnO 晶体的生成；反之，图 4-9（a）中找不出生长取向性明显的晶面，或者说当各主要晶面的生长速度大致相同时，对应产物的几何形貌为准球形。

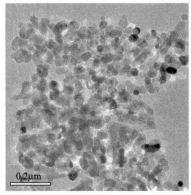

(a) 准球形

(b) 棒状　　　　　　　　　(c) 棒状的HRTEM图像

图 4-8　纳米 ZnO 的 TEM 图像

需要指出的是，XRD 谱图中一个样品的衍射峰相对强度有时会受多种因素的影响，这些影响可对晶面取向性分析带来干扰，因此要注意干扰因素的排除。图 4-11 是六方 ZnO 沿

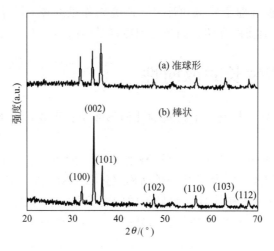

图 4-9　纳米 ZnO 的 XRD 谱图

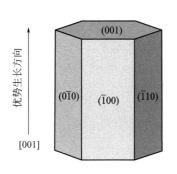

图 4-10　六方晶系棒状纳米 ZnO 晶体的取向性生长

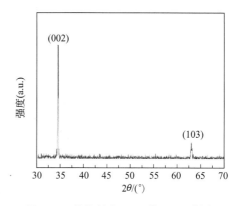

图 4-11　棒状纳米 ZnO 的 XRD 谱图：
取向性生长的极端结果

[001] 晶轴方向生长更加有说服力的研究结果，该图中（002）衍射峰极强，以致六方 ZnO 晶体中其他大多数衍射峰弱到忽略不计的程度，故可称为沿 [001] 晶轴方向生长的极端结果。

　　晶体取向性生长受内在因素和外界因素的双重影响，内在因素即为物质的本性，如 ZnO 晶体在各类氧化物中是较易形成棒状结构的；外界因素，包括各类模板、事先植入晶种等导向性控制条件。

4.4　纳米材料晶体学研究若干进展

　　近 10 余年来，体现纳米材料特色的晶体学研究陆续有报道出现，我们节选了部分研究成果编入此书中，虽然不是很全面，但相信对读者还是有一定的启发作用的。

4.4.1　纳米晶体表面原子数的计算

　　本书第 1 章中讨论了纳米颗粒总的原子数目与表面原子数目的关系，但那主要是定性分析，这里将介绍一种定量计算方法。

　　首先，对于表 4-1 中原子密堆积的纳米微粒，有研究表明，一个微粒中的原子总数 $\sum$ 可以表示为：

$$\Sigma = 10n^2 + 2$$

式中，n 为壳层数，计算过程如下：

$n=1$　$\Sigma = 1 + 12 = 13$

$n=2$　$\Sigma = 13 + 42 = 55$

$n=3$　$\Sigma = 55 + 92 = 147$

……

当 $n=1$ 时，可目测出表面原子数为 12，表面原子数与颗粒总的原子数之比为 $12 : 13$（92%）。当 $n=2$ 时，新增加的原子数（42）即为该颗粒的表面原子数，则表面原子数与颗粒总的原子数之比为 $42 : 55$（76%）。

当 $n=3$ 时，以此类推……

表 4-1　密堆积的纳米微粒表面原子数的计算

壳层数 n	总原子数	表面原子数与颗粒总的原子数之比/%
$n=1$ 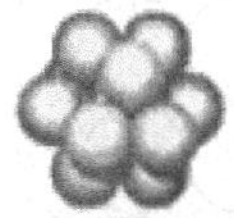	13	92
$n=2$ 	55	76
$n=3$ 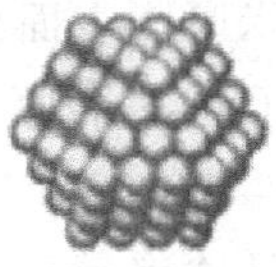	147	63
$n=4$ 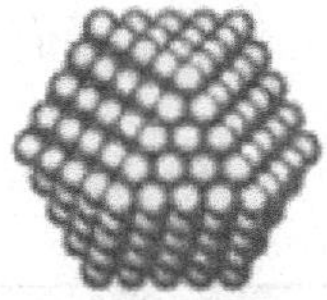	309	52
$n=5$ 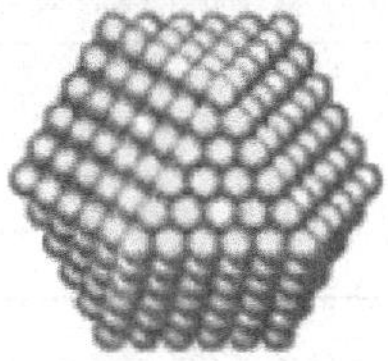	561	45
$n=7$ 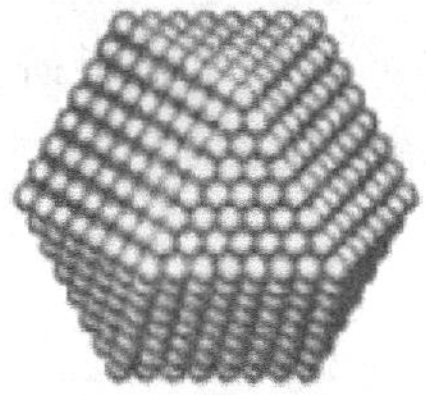	1415	35

进一步地有，图 4-12 中给出了两种类型纳米晶体表面原子数的计算实例，对于具有四面体形貌（也可称为三角锥）的晶体而言，当原子堆积层数分别为 2（四面体的基本结构）和 3 时，这两种四面体纳米晶粒的各自原子总数分别等于各自表面原子数；对于具有立方体形貌的晶体而言，当原子堆积层数分别为 2（立方体的基本结构）和 3 时，这两种立方体纳米晶粒的各自表面原子所占百分数分别为 100% 和 96.3%。

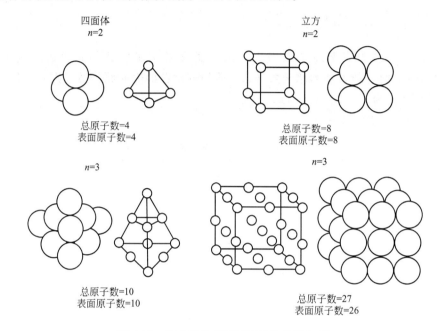

图 4-12　纳米晶体表面原子数的计算实例

从图 4-12 中的这些定量分析可以看出，当纳米颗粒尺寸只有几纳米时，表面原子所占百分数等于或接近 100%，这与第 1 章中定性讨论的纳米颗粒总原子数目与表面原子数目的关系相吻合。

在图 4-12 等的分析基础之上，可推演出如表 4-2 所示的一些纳米晶体表面原子数的计算公式，尽管该表中列出的数据（纳米晶体形貌种类）还不是太完全，但这已经有力地推动了相关领域的研究，给人们以较大启迪。

表 4-2　一些纳米晶体表面原子数的计算公式

形　状	总原子数	表面原子数	形　状	总原子数	表面原子数
立方 bcc	$(n+1)^3+n^3$	$6n^2+2$	四面体 fcc	$\frac{n^3}{6}+\frac{n^2}{2}+\frac{n}{3}$	$2n^2-4n+4$
立方 fcc	$4n^3+6n^2+3n+1$	$12n^2+2$			
八面体 fcc	$\frac{2n^3}{3}+\frac{n}{3}$	$4n^2-8n+6$	十四面体	$\frac{10n^3}{3}-5n^2+\frac{11n}{3}-1$	$10n^2-20n+12$

4.4.2　介晶结构

首先要说明的是，介晶（mesocrystal）是近年（2005 年左右）在纳米材料研究领域中出现的一个新概念，即与以纳米晶为代表的纳米材料研究有着紧密的联系，它不同于过去已知的准晶（quasicrystal）等概念。

介晶的特点或涉及的研究热点主要包括：

（1）介晶为一种新型的固体材料；

（2）介晶内部的多个单元可构成有序排列结构，各单元间有隔离体或明显界面存在；

（3）介晶与单晶等经典晶体学有关联；

（4）介晶与自组装、介孔材料等纳米材料的研究有关联。

图 4-13 介绍了介晶形成的基本过程，首先，前驱体在物理或化学作用下产生结晶，生成纳米晶粒子（一般直径小于 3nm）。在此基础上，（a）如果这一纳米晶粒仍作为一个整体继续生长，则可生成单晶（single crystal）；（b）如果这些众多的纳米晶粒子不是继续生长，而是相互聚集或组装，则生成聚晶（polycrystal，此处是有序聚晶，具有自组装特征）；（c）如果这些众多的纳米晶粒子表面受到稳定剂保护，则可以组装成介晶结构。显然，此时稳定剂分子是介晶中各个基本单元的隔离体。在一定的条件下（如设法去除稳定剂分子），介晶可生成聚晶，如果聚晶界面逐渐消失，还可最终转化为单晶。

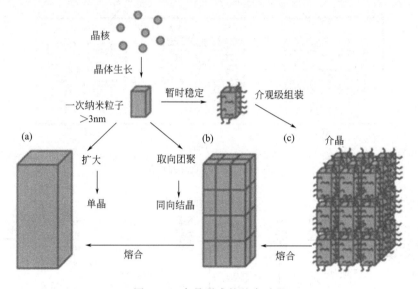

图 4-13　介晶形成的基本过程

图 4-14 介绍了 3 种主要介晶类型，在 M-1 中，介晶中各个基本单元均被稳定剂完全隔离；在 M-2 中，介晶中的基本单元被稳定剂部分隔离，一些基本单元还可直接链接；在 M-3 中，无稳定剂用于介晶中各个基本单元的隔离，基本单元之间既有连接又有空隙。

介晶概念的提出丰富了结晶学知识体系，图 4-15 概括了非晶、聚晶、介晶和单晶的形成机制。尤为引人关注的是，一些十分重要的纳米材料、纳米结构的形成机制也可通过图 4-15 反映出来。

（1）典型介晶的形成：A-2→N-1→M-1；

（2）超晶格纳米晶体的形成：N-1→M-1；

（3）部分贯通式介晶的形成：A-2→N-2→M-2；

（4）单晶孔材料的形成：A-2→N-3→M-2→M-3；

（5）海绵晶体的形成：A-1→N-3→M-3。

综上所述，图 4-16 对介晶等晶体结构进行了形象化的描述，如果把晶体结构中的点阵比喻成农田中有序排列的秧苗［图 4-16(a)，古画农历春耕图］，那么介晶结构就相像于图 4-16(b) 中所示的稻田，其田埂就是区分介晶中各个基本单元的界面；西方国家和我国北方地区一望无际的麦田则类似于单晶结构。

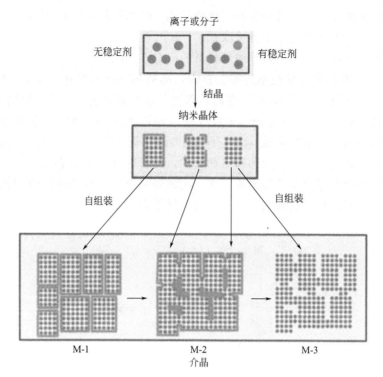

图 4-14　介晶形成的种类

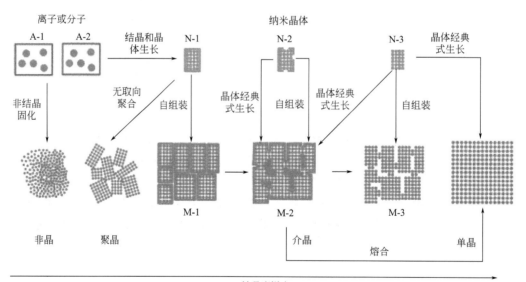

图 4-15　结晶学知识体系扩展

　　介晶概念的提出，是对纳米材料研究至今所产生的一些概念的理论化、系统化处理与归纳，这些概念包括纳米晶粒子、团聚、自组装、有序结构和纳米超晶格结构、分散剂或稳定剂等等。目前对介晶内部基本单元的表征尚待深入，主要表现是还缺乏清晰的微观图像。

4.4.3　超晶格

　　在纳米材料研究领域，有关超晶格的概念是这样的：在经典的晶格（superlattice）中，

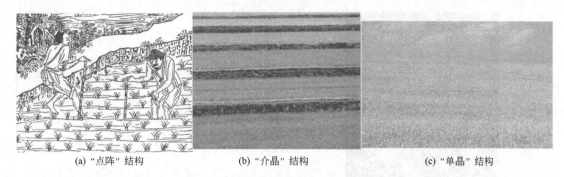

(a) "点阵" 结构　　　　　(b) "介晶" 结构　　　　　(c) "单晶" 结构

图 4-16　介晶等晶体结构的形象化理解

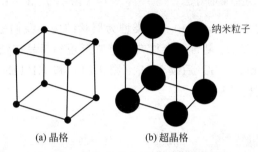

(a) 晶格　　　　　(b) 超晶格

图 4-17　晶格与纳米粒子构成的超晶格

以图 4-17(a) 中简单立方格子为例，占据该简单立方格子 8 个顶点位置的基本质点只限于原子、离子和分子；如果将纳米粒子放置在这 8 个顶点位置上，则构成了超晶格（superlattice），也有人将构成超晶格的纳米粒子称为人造原子（artificial atom）。

纳米粒子构成超晶格，难度很大，其原因至少包括以下两个方面：

(1) 纳米粒子的几何形状要统一，大小具有优良的均一性，且具有良好的分散性；

(2) 纳米粒子须进行有序排列、堆积，即产生类似于结晶的过程。

为了实现上述两个目标和要求，目前在纳米材料超晶格的制备过程中，常加入一些稳定性助剂，如表面活性剂等。纳米材料超晶格结构的表征手段主要包括电子显微镜和电子衍射，STM，AFM 和小角 XRD 等。

在第 3 章中，已经介绍了 STM 和 AFM 等纳米材料表面结构的检测技术，它们也都可以用于测试一些超晶格结构。其中由于 STM 还可以搬动原子或原子团（包括纳米颗粒），故它的功能更加强大，图 4-18 为应用 STM 技术在金属表面构造晶格和超晶格的示意图，由于采用的 Ni，Ag 等金属表面（图中深色背景）具有理想的周期性原子排列，这些金属表面可作为二维晶格和超晶格形成的模板或稳定性支撑体。在图 4-18 中，当右下角的比例尺为 0.5nm 时，所得图像是二维晶格结构，即图中的质点为原子；如果比例尺为 5nm，即图中质点尺寸增加 10 倍，应该属于纳米颗粒了，所得图像是二维超晶格结构。实际上，图 4-18 中讨论的这两种情况，目前都有研究报道。

图 4-19 为理想的平面四边形点阵形式，这在传统的晶体科学教科书中常常作为十分经典的例题或习题出现，但可能很少会有人思考过，当时所讲授的一维、二维点阵一般只是抽象的，即在微观世界是很难发现独立存在的（微观世界只存在三维点阵）。如今，纳米材料研究的成果使这些抽象变为现实。通过对比图 4-18 和图 4-19，可以看出，前者基本符合平面四边形点阵形式。

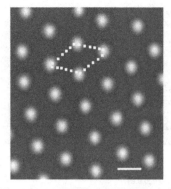

图 4-18　二维晶格和超晶格的对比

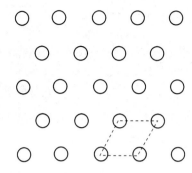

图 4-19　图 4-18 中对应的点阵形式

在超晶格纳米材料的研究中，其中一种类型为层状结构，我们也在这方面做了一定的研究。图 4-20 列出了 ZrO_2/TiO_2 复合纳米材料的整体形貌和超晶格结构，这种纳米棒为有序层状结构，层间距约为 3nm 左右。后续 XRD（图 4-21）和 HRTEM（图 4-22）检测可进一步证实这类层状超晶格结构的存在。

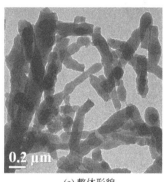

(a) 整体形貌

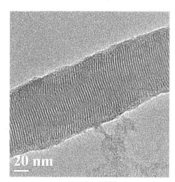

(b) 超晶格结构

图 4-20　ZrO_2/TiO_2 超晶格结构的 TEM 图像

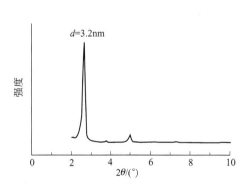

图 4-21　超晶格的 XRD 谱图

图 4-22　超晶格结构的 HRTEM 图像

不少超晶格结构的形成与自组装过程有关，这还将在本书第 8 章中介绍。此外，超晶格与介晶有着一定的联系，这在本章 4.4.2 节中已做讨论。

4.4.4　锐钛矿型纳米 TiO_2 晶体晶面的控制性生长

如本章前面所述，在同一块晶体的不同表面上，对某一具体化学或化学过程而言，确实可能存在着不同的活性差异，这已成为近期纳米材料研究中的一个热点问题。

　　TiO₂ 晶体共有 3 种晶型，金红石型（rutile）、锐钛矿型（anatase）和板钛矿型（brookite），其中金红石型大家较为熟悉，它已作为一种晶胞结构写入教科书中。但是，锐钛矿型 TiO₂ 晶体结构过去了解的人并不多，近 10 多年来，随着纳米 TiO₂ 晶体研究的迅速发展，有关此类晶体结构的研究报道也逐渐出现，锐钛矿型 TiO₂ 晶体结构比金红石型要复杂一些，目前对其结构的表述形式也有多种，图 4-23 中列出了两种，图 4-23（a）为其晶胞结构，从中可以发现，晶胞内里的基本结构为 Ti—O 八面体，即 1 个 Ti 原子与 6 个 O 配位，由于 Ti—O 键较为趋向于离子键，因此所产生的场效应可导致 Ti—O 八面体畸变；图 4-23（b）为锐钛矿型 TiO₂ 晶体结构的另一种表述方式，在纳米材料研究中，该晶型被关注的晶面主要有（100）、（101）和（001）等 3 种，其中在刚刚过去的一段时间中颇受关注的是（101）晶面，这是由于这种晶面较早被发现具有良好的稳定性。

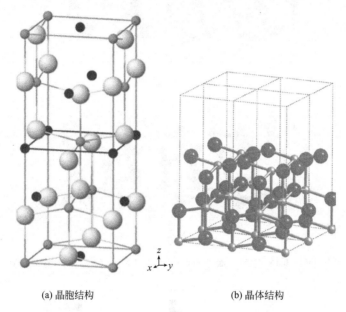

(a) 晶胞结构　　　　　　　　　　(b) 晶体结构

图 4-23　锐钛矿型 TiO₂ 晶胞结构和锐钛矿型 TiO₂ 晶体结构

　　过去的研究普遍认为，锐钛矿型 TiO₂ 晶体稳定的晶面是（101）面而不是（001）面。然而，2008 年的一项研究成果表明，通过特定的手段，是可以获得更加稳定的（001）面的，即在实验上，可以增大 TiO₂ 纳米晶体的（001）表面。如今，这种设想已经实现，由（001）面构成的表面积可占到整个晶体表面积的 50％左右，如图 4-24 所示。

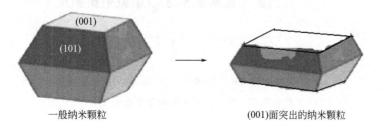

一般纳米颗粒　　　　　　　　　(001)面突出的纳米颗粒

图 4-24　增大锐钛矿型 TiO₂ 纳米晶体的（001）表面

　　在图 4-24 中，左边为过去一般常见的锐钛矿型 TiO₂ 纳米颗粒，它在（101）和（001）

两个方向上的生长速度大致相等，故可常见到接近球形的颗粒；而右边新的目标产物呈现带棱角的扁平状形貌（如按水平方向切开，它的二分之一相像于一种巧克力），该形貌已被SEM观察所证实。

图4-25是锐钛矿型 TiO_2 晶体（001）面作表面时，其他原子（X）对该表面的稳定作用示意图，X的种类见图4-26，从图4-1中可以发现，X原子是通过与Ti原子的配位或其他结合方式实现稳定该表面的。本书的第2章中曾指出，一些简单的离子在纳米材料的制备中也可发挥良好的稳定功能，图4-25和图4-26中的内容即为很有说服力的实例。

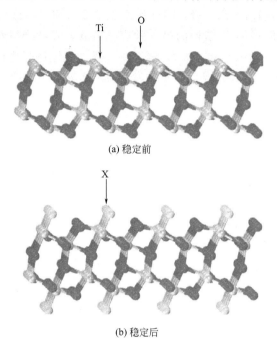

图 4-25 锐钛矿型 TiO_2 晶体（001）面作表面时，其他原子（X）对该表面的稳定作用示意图

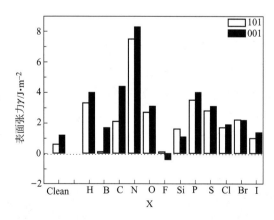

图 4-26 锐钛矿型 TiO_2 晶体（001）和（101）面作表面时，
其他原子（X）对该表面的稳定功能比较

模拟计算结果表明（图4-26），在依靠F作稳定原子时，（001）晶面表面张力最低，最为稳定。这一结果与实验事实是一致的。

这项研究成果发表在 Nature 杂志上，英国的 Chemistry World 杂志上的一文对此项成果进行了评论，认为，对比由（001）晶面构成的锐钛矿型 TiO_2 表面和相应由（101）晶面构成的表面，前者的 Ti 原子含有很多 5 配位的不饱和结构，从而导致此表面上的 Ti 原子具有更大的反应活性。这与本章开始分析的 ZnO 晶体表面的缺陷问题似乎有一定的相似性。

　　进一步的分析表明，该项工作研究的深远意义在于，在（001）晶面构成的表面，由于很多 Ti 原子表现为 5 配位，与吸附在界面上的分子（如水分子）反应的能力明显增强，有利于光催化分解水制取氢气。

4.4.5　纳米催化剂活性因素研究及新进展

　　纳米材料研究热的兴起也带动了催化材料的研究，图 4-27 为纳米催化剂研究的主要发展历程简介。起初，人们之所以对纳米催化剂感兴趣，是因为它相对于传统催化剂，其比表面积有巨大的增加；接着人们又发现，纳米催化剂因颗粒过细而易导致团聚，于是开展了大量的提高纳米催化剂粒子分散性的研究工作，如采用负载技术等；之后的工作是，通过纳米催化剂粒子几何形貌的控制性制备或其他手段，获得由百分比较高的、有利于某些催化反应晶面构成的纳米催化剂，如本章 4.4.4 节中的内容，相关研究目前仍收到较大关注；与此同时，纳米催化剂的研究工作仍在深入，空位缺陷研究就是一例。

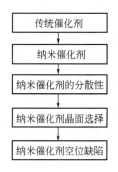

图 4-27　纳米催化剂研究的主要发展历程

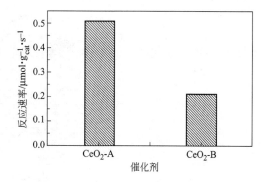

图 4-28　两种 CeO_2 纳米棒催化氧化 CO 的活性比较（CO，空气和 N_2 的物质量之比为 1：16：83）

　　图 4-28 中的 A，B 两种 CeO_2 纳米棒均采用水热法合成，仅所用的前驱体不同，从该图中可以看出，两者催化氧化 CO 的活性差异明显。令人感兴趣的是，A，B 两样品不仅几何形貌、尺寸大小、分散性和比表面积相同或相近，B 样品的表面还含有高活性的（110）晶面（A 样品表面无此晶面），但 B 样品的催化活性明显不如 A 样品。进一步的研究表明，影响纳米催化剂活性的因素不止颗粒的几何形貌、尺寸大小、分散性和比表面积等，还存在更深层次的因素。

　　通过 XPS 等的表征证实，CeO_2 A 样品的表面具有较多氧离子空位缺陷，这种原子或离子空位缺陷的结构过去常出现在半导体材料研究中，现又被尝试于纳米催化的机理解释。在图 4-29 中，氧离子空位缺陷导致 Ce^{3+} 的产生，而 Ce^{3+} 对 CO 分子有较强的吸附作用；另一方面，外层氧离子（O^*）与其相邻空位间存在着一可逆过程，当反应物 O_2 分子被引入时，外层氧离子的位置被取代，也即外层氧离子将被挤压至第二表层的空位，当新占位的 O^* 与 CO 分子反应生成 CO_2 分子后，原先被压至第二表层的氧离子可重新回到最外层的位置，以此循环往复。

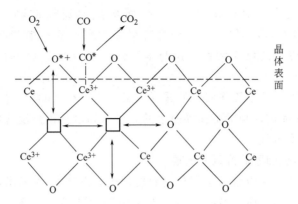

图 4-29　具有较多表面氧离子空位缺陷的 CeO_2 晶体有利于 CO 的氧化

思考题与习题

1. 图 4A 为硒化铕晶体的晶胞示意图，它属于立方晶系，试分析：硒化铕的化学式；硒和铕原子各自的配位数；晶体点阵类型。如果该晶胞作为一个纳米颗粒，验证本章表 4-1 中相关公式的正确性。

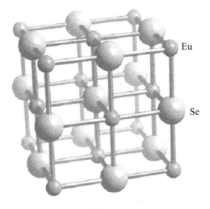

图 4A

2. 分析本章中图 4-1 中 ZnO 晶胞结构的对称性？

3. 如何利用纳米晶体的 HRTEM 图像分析其生长取向？

4. 利用本章图 4-9 中的 XRD 衍射峰（光源：铜靶），计算六方 ZnO 晶格中（001）晶面间距。

5. 已知 C_{60} 晶体在常温下为立方面心晶胞，晶胞边长为 1.42nm，一个碳原子的质量为 2×10^{-23} g。求此 C_{60} 晶体的密度为多少（$g \cdot cm^{-3}$）？

6. 分析 CsCl 的晶胞类型和点阵类型。

7. 举例说明什么是晶体晶面的取向性生长？

8. 举例说明什么是晶体晶面的择优生长？

参考文献

［1］ 钱逸泰. 结晶化学导论. 第 3 版. 合肥：中国科学技术大学出版社，2005.

［2］ L. Vayssieres, K. Keis, A. Hagfeldt, S. E. Lindquist. *Chem. Mater.*，2001，13：4395.

［3］ W. J. Li, E. W. Shi, W. Z. Zhong, Z. W. Yin. *J. Cryst. Growth*，1999，203：186.

［4］ L. Vayssieres, K. Keis, S. E. Lindquist, A. Hagfeldt. *J. Phys. Chem. B*，2001，105：3350.

［5］ X. D. Yan, Z. W. Li, R. Q. Chen, W. Gao. *Cryst. Growth Des.*，2008，8：2406.

［6］ C. Woll. *Progress in Surface Science*，2007，82：55.

[7]　R. Lindsay, E. Michelangeli, B. G. Daniels, etal. *J. Am. Chem. Soc.*, 2002, 124: 7117.

[8]　P. J. Thomas, P. O'Brien. *J. Am. Chem. Soc.*, 2006, 128: 5614.

[9]　L. Zhou, D. Smyth-Boyle, P. O'Brien. *J. Am. Chem. Soc.*, 2008, 130: 1309.

[10]　L. Zhou, P. O'Brien. *Small*, 2008, 4: 1566.

[11]　F. Silly, M. Pivetta, M. Ternes, J. P. Pelz, et al. *Phys. Rev. Lett.*, 2004, 92: 016101-1.

[12]　A. Fujishima, X. T. Zhang, D. A. Tryk. *Surface Science Reports*, 2008, 63: 515.

[13]　X. H. Liu, C. Kan, X. Wang, X. J. Yang, L. D. Lu. *J. Am. Chem. Soc.*, 2006, 128: 430.

[14]　C. Kan, X. H. Liu, G. R. Duan, X. Wang, X. J. Yang, L. D. Lu. *Journal of Colloid and Interface Science*, 2007, 310: 643.

[15]　R. Hengerer, B. Bolliger, M. Erbudak, M. Gratzel. *Surface Science*, 2000, 460: 162.

[16]　H. Cölfen, M. Antonietti. *Angew. Chem. Int. Ed.*, 2005, 44: 5576.

[17]　H. G. Yang, C. H. Sun, S. Z. Qiao, etal. *Nature*, 2008, 453: 638.

[18]　B. Lewis. *Chemistry World*, 2008, 5: 24.

第 5 章　纳米材料磁学

纳米材料磁学是纳米材料性质研究中极为重要的内容，天然和人工合成的磁性纳米材料如今已有广泛的应用。

有研究认为，动物的迁徙是依靠阳光、月光或星光，以及声波等精确定位和判别方向的。越来越多的证据表明，许多生物体内就有天然的超微或纳米磁性粒子，如海龟、一些候鸟（图 5-1）、磁性细菌、鸽子、海豚、石鳖、蜜蜂甚至人的大脑等等。例如，新近研究认为，某些迁徙性动物可能通过自身磁场与地球磁场的相互作用，依靠磁偏角和磁倾角进行准确定位。如今人们已经可以通过电子显微镜观察到细菌内的纳米磁性粒子。

图 5-1　迁徙性候鸟

目前，人工合成的磁性纳米材料也有了十分成功的应用范例：1988 年发现了磁性多层膜的巨磁电阻效应（见本书绪论和本章以下内容），它为新型计算机硬盘的设计和生产提供了关键性的技术支撑；在宇航技术领域，宇航员头盔中的密封材料是人工合成的纳米磁性液体，这是磁性纳米材料最早的重要应用之一（图 5-2）。

(a) 计算机硬盘　　　　　　　　(b) 我国航天员使用的宇航服

图 5-2　计算机硬盘及我国航天员使用的宇航服

5.1　有关磁学的一些基本概念

磁学中的基本概念对于非物理专业背景的人来说，一般会感到较为陌生。因此，在本章中将用一定篇幅（5.1节）归纳磁学中的一些基本概念。首先介绍的下列磁感应强度公式将几个重要的磁学参数联系到了一起，详见表5-1。

$$B=H+4\pi M$$

表 5-1　常用磁学的物理量，常用单位及换算

名　　称	符　号	SI 制	CGS 制[①]	换算因子
磁感应强度	B	T	G	10^4
磁场强度	H	$A \cdot m^{-1}$	Oe	$4\pi \times 10^{-3}$
磁化强度	M	$A \cdot m^{-1}$	emu/cc	10^{-3}
磁矩	m	$A \cdot m^2$	emu	10^3

① CGS制：厘米·克·秒制。

图 5-3　电生磁的原理

如图 5-3 所示，如果一条直的导线通入电流，那么在该导线周围的空间将产生圆形磁场。导线中流过的电流越大，产生的磁场越强。磁场成圆形，围绕导线周围分布。磁场的方向可以根据"右手定则"判断。其磁场强度 H 可用以下奥斯特（Oersted）公式计算：

$$H=i/2\pi r$$

式中，i 为电流强度；r 为载流导线的横截面半径。

还需指出的是，电和磁具有紧密的关联性，磁现象都起源于电荷的运动，既有上述电生磁的现象，也有磁生电的现象。磁生电的现象即为法拉第电磁感应。

5.1.1　材料的磁性及居里温度

5.1.1.1　反磁性

某些材料在外加磁场 H 的作用下，其感生的磁化强度 M 与 H 的方向相反，表现为反磁性（diamagnetism）。

材料的反磁性和顺磁性可用以下公式分析判断：

$$M=\chi H$$

该式中χ 为磁化率，当$\chi<0$ 时，材料的磁性为反磁性。

图 5-4(a) 展示了反磁性的实质及影响因素，从中可以看出，反磁性材料中没有未成对电子（即单电子），χ 不随温度 T 变化而变化。

作为一反磁性实例［图 5-4(b)］，在核磁共振（NMR）的体系中，苯环中离域的 π 电子在垂直于苯环平面的外加磁场作用下，产生环电流，而环电流可产生一个和外加磁场方向相反的磁场。

5.1.1.2　顺磁性

与反磁性相反，顺磁材料在外加磁场 H 的作用下，其感生的磁化强度 M 与 H 的方向相同，也即$\chi>0$。从图 5-5 中可以看出，顺磁材料存在单电子；χ 与温度 T 成反比关系，即服从居里定律。顺磁性（paramagnetism）的主要特点是原子或分子中含有没有完全抵消的电子磁矩，因而具有原子或分子磁矩（以下统称原子磁矩），而这些磁矩中起主要作用的是电子自旋磁矩。

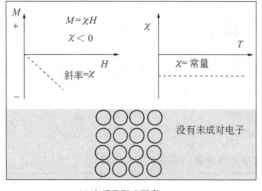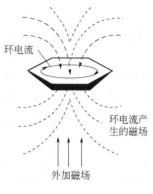

(a) 实质及影响因素　　　　　　(b) 实例——苯环中的反磁性

图 5-4　反磁性

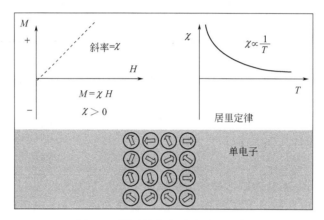

图 5-5　顺磁性的实质及影响因素

5.1.1.3　铁磁性

具有铁磁性（ferromagnetism）的材料也含有成单电子（图 5-6），此类材料易磁化，$\chi>0$，但磁化强度 M 与外加磁场 H 的关系为非线性的复杂函数关系。在铁磁性材料中，原子磁矩可趋于同向平行排列，即自发磁化至饱和，称为自发磁化，这是铁磁性材料的基本特征。另外，铁磁性材料在温度达到居里点时，它可以转化为顺磁性。

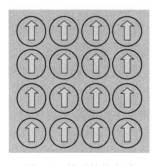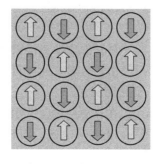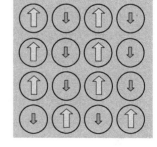

图 5-6　铁磁性的实质　　　　图 5-7　反铁磁性的实质　　　　图 5-8　亚铁磁性的实质

5.1.1.4　反铁磁性

在原子磁矩受交换作用而呈现有序排列的磁性材料中，如果相邻成单电子自旋呈现相反方向排列（图 5-7），这种相互抵消作用使总的净磁矩在不受外场作用时仍为零，这一现象称为反铁磁性（antiferromagnetism）。

5.1.1.5 亚铁磁性

当反铁磁性原理（图 5-7）中的相邻成单电子自旋反向抵消作用变得不对称时（图 5-8），将产生剩余原子磁矩，这就是亚铁磁性（ferromagnetic）的实质。铁磁性和亚铁磁性都属于强磁性范畴，而顺磁性属于弱磁性。铁氧体大都是亚铁磁体。

5.1.1.6 居里温度

居里温度（亦称居里点）是一阈值，它是这样定义的，在此温度以上，材料的自发磁化强度为零。因此，居里温度也是铁磁性材料（或亚铁磁性材料）转变为顺磁状态的临界温度。

5.1.2 磁滞回线及相关概念

在外加磁场的作用下，磁性材料可产生明显或较为明显的响应，这些响应可通过磁化曲线或磁滞回线体现出来。就铁磁材料的磁化强度 M（或磁感应强度 B）与外加磁场强度 H 的关系而言，当外加磁化磁场作周期的变化时，铁磁体的 M 与 H 的关系是一条闭合线，称为磁滞回线，如图 5-9 所示。所谓铁磁体的磁滞现象是指在上述过程中，M 值或 B 值的变化总是落后于磁场强度 H 的变化。

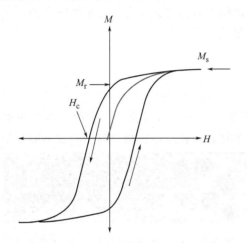

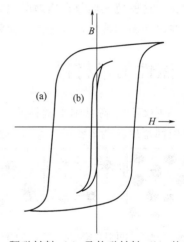

图 5-9 磁滞回线示意图　　　　图 5-10 硬磁材料（a）及软磁材料（b）的磁滞回线

从磁滞回线中可以确定矫顽力（H_c）、剩余磁化强度（M_r，简称剩磁）和饱和磁化强度（M_s）等磁学参数。利用这些磁学参数可进一步判断磁性材料的性能。

如图 5-10 所示，硬磁材料与软磁材料的磁滞回线差异明显。硬磁材料亦可称为永磁材料，它是指磁性材料经过外加磁场磁化以后可以长期保留其强磁性，其特征是矫顽力高（$H_c > 100$ Oe），它不易被磁化，但一旦磁化后就不易退磁；而软磁材料在外加磁场作用下既容易磁化，又容易退磁，它的矫顽力较低（$H_c < 10$ Oe）。

磁性材料的剩磁研究也是重要的，图 5-11 为磁铁矿（主要成分为 Fe_3O_4）典型的剩磁随温度变化曲线，从中可以看出，在 100～150K 的温度范围内，剩磁开始明显退减，这一现象称为低温退磁（LTD）。

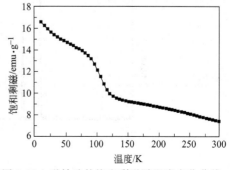

图 5-11 磁铁矿的饱和剩磁随温度变化曲线

5.1.3 磁能、磁各向异性和磁畴

磁各向异性（magnetic anisotropy）通常是磁性材料的重要特性，其突出的表现形式为，磁体自身能量强度上的取向性变化。

磁体的自身能量有多种形式，如交换能、磁晶体各向异性能、静磁能和热能等。

磁畴（magnetic domain）概念建立在量子理论基础之上，它从微观角度阐述了铁磁性或亚铁磁性等磁性材料的磁化机理。磁畴是指磁性材料内部形成的众多微小区域，每个区域中包含大量原子，这些原子的磁矩都像一个个小磁铁那样整齐排列，但相邻的不同区域之间原子磁矩排列的方向不同，如图 5-12 所示。磁畴相互之间的界面称为磁畴壁。宏观磁体（bulk）通常总是具有数量巨大的磁畴，而每一个磁畴的磁矩方向各不相同，概率统计结果表明，这些磁矩最终相互抵消，矢量和为零，即整个磁体的净磁矩为零，它

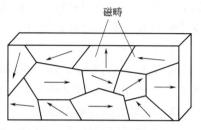

图 5-12　磁体的示意图

也就不能吸引其他磁性材料。这就是说，相关磁性材料在正常情况下并不对外显示磁性，只有当这些磁性材料被外界磁化以后，它们才能显示出磁性。

研究表明，磁各向异性与磁性材料的大小、几何形状、晶体结构（包括表面结构）等因素密切相关。这就使人们很自然地联想到，磁性纳米材料应该具有一些更加突出的，包括磁各向异性在内的磁学特性，这正是下面将要讨论的内容。

5.2　磁性纳米材料

图 5-13 中归纳了磁性纳米材料的 8 种常见类型，从中可以看出：①构成各类磁性纳米材料的基础都是磁性纳米粒子；②各类磁性纳米材料的获取依托相关的纳米材料制备技术。

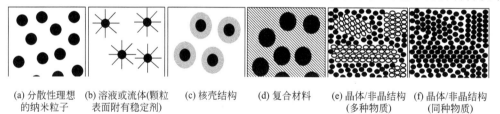

(a) 分散性理想　(b) 溶液或流体(颗粒　(c) 核壳结构　(d) 复合材料　(e) 晶体/非晶结构　(f) 晶体/非晶结构
的纳米粒子　　表面附有稳定剂)　　　　　　　　　　　　　　　　　(多种物质)　　　(同种物质)

图 5-13　磁性纳米材料常见类型

磁性纳米材料常为晶体，例如，Fe_2O_3 纳米粒子常为 α 型晶体结构，图 5-14 为 α-Fe_2O_3 纳米粒子的 XRD 谱图。图 5-15 为 α-Fe_2O_3 纳米粒子的 TEM 图像，它属于图 5-13 第一项中所描述的情形：纳米粒子处于理想分散状态。

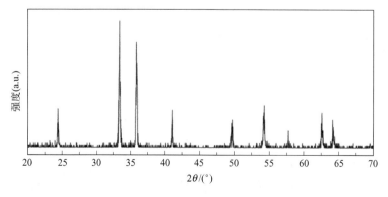

图 5-14　Fe_2O_3 纳米粒子 XRD 谱图

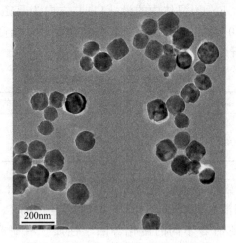

图 5-15　Fe_2O_3 纳米粒子 TEM 图像

5.3　纳米材料特殊的磁性质

影响纳米材料磁学性能的因素多而复杂，如涉及纳米材料的小尺寸效应、量子尺寸效应、表面效应等。这些综合因素的作用结果，使其具有常规粗晶材料不具备的磁学特性，主要表现在超顺磁性、矫顽力、磁畴、磁交换等方面。

5.3.1　各向异性

纳米材料磁性质各向异性可分为晶体各向异性（crystal anisotropy），形状各向异性（shape anisotropy），应力各向异性（stress anisotropy），外界诱导各向异性（externally induced anisotropy）和交换各向异性（exchange anisotropy）等 5 类型，其共同特征可用磁的各向异性能 E 来表述，基本公式为：

$$E = KV\sin^2\theta$$

式中，K 为单位体积样品的各向异性常数；V 为磁性纳米粒子的体积；θ 为易磁化晶轴与磁矩间的夹角。

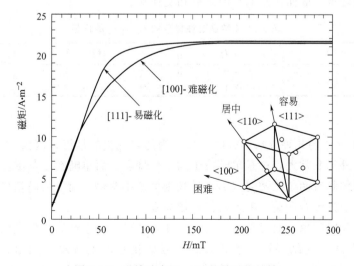

图 5-16　磁铁矿中 Fe_3O_4 的易磁化晶轴

研究（图 5-16）表明，Fe_3O_4 晶体中的沿 [111] 方向为易磁化晶轴，即沿晶胞对角线方向能量最低。相反，[100] 为晶胞棱线方向，是难磁化轴，能量最高。表 5-2 进一步列出了其他磁性材料的磁各向异性。

表 5-2　3 种铁磁性材料的磁各向异性

铁磁性材料	晶型	易磁化晶轴	磁的各向异性能/J·cm^{-3}
Co	六方	[001]	$7×10^{-1}$
Fe	立方	[100]	$8×10^{-2}$
Ni	立方	[111]	$5×10^{-3}$

由此可见，对于同种磁性纳米材料而言，它的几何形状对材料自身的磁学性能会有较大的影响。比如，主要沿 c 轴（即 [001] 方向）生长的 Co 纳米晶为纳米线，对比其他形状的 Co 纳米晶，它有着不同的磁化等磁学性质。有研究表明，对于一些磁性纳米材料，当它为线状时，退磁参数 N 为 0；当它为短圆柱状时，N 为 0.27；当它为球形粒子时，N 为 0.33。

5.3.2　磁性长度

磁性长度（magnetic length）有以下 3 种类型：

$$l_K = \sqrt{J/K}$$
$$l_H = \sqrt{2J/H M_s}$$
$$l_S = \sqrt{J/2\pi M_s^2}$$

以上各式中，J 为交换常数；K 为磁性块体材料的各向异性常数。l_K 为各向异性长度（anisotropy length）；l_H 为外场长度（applied field length）；l_S 为静磁长度（magnetostatic length）。

对于大多数磁性材料而言，上述磁性长度一般都在 1～100nm 的范围，例如，Ni 在 1000 Oe 和室温下，l_S 约为 8nm；l_K 约为 45nm；l_H 约为 19nm。

表 5-3 中给出了磁性长度应用的一个实例，从中可以看出，Ni 和 Fe 各自 l_K 与 l_S 的比值都明显大于另外两种铁磁性材料，按照有关理论，Ni 和 Fe 纳米材料的各向异性在各自的磁学性质中无足轻重，取而代之的是静磁能和交换能。

表 5-3　4 种铁磁性材料的 l_K 与 l_S 的比值

材料	l_K/l_S	材料	l_K/l_S
Ni	6.0	Co	2.0
Fe	7.1	SmCo$_5$	1.4

5.3.3　磁畴

在图 5-17 所介绍的几种磁畴形式中，(a) 为均匀磁化的情形，因为 N 极与 S 极相距较远，这种磁畴的外场非常大，这是单畴粒子的一个特点，而单畴粒子与磁性纳米粒子有着密切的关系；当颗粒具有两个磁畴时 (b)，外场则可减小两倍；对于四畴情形 (c)，外场已变得非常小；如果引进闭合磁畴 (d)，可使外场为零。

在过去的一段时间里，对磁性材料颗粒尺寸与其自身磁学性质的研究已有较多报道。

从图 5-18 中的研究结果可以看出，具有强磁化强度的颗粒（如磁铁矿），其固有能（self energy）随着颗粒自身体积的增大能够迅速增大，突跃出现在 5μm 附近。

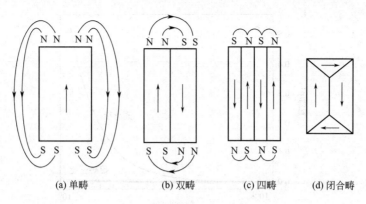

(a) 单畴　　　(b) 双畴　　　(c) 四畴　　　(d) 闭合畴

图 5-17　磁畴的几种形式

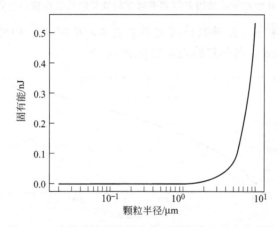

图 5-18　球形磁铁矿的固有能随颗粒半径的变化曲线

因此，为了减小随着颗粒粒径的增加，磁性材料自身能量迅速增加的态势，磁畴的状态总向着颗粒自身能量处于最低的方向发展。图 5-19 为磁铁矿具有的可能的两种磁化模式。

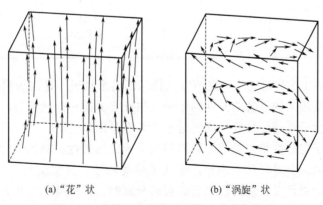

(a) "花" 状　　　　　　(b) "涡旋" 状

图 5-19　磁铁矿具有的可能的两种磁化模式

图 5-20 对比了球形磁铁矿的固有能和磁畴壁能。当颗粒为纳米或亚微米（约 $1\mu m$ 的几十分之一时）时，其磁畴壁能远远小于其固有能。同时磁畴壁的宽度也为这个量级。因此最小的磁畴壁类似于涡旋状态，只有颗粒的大小达到 $1\mu m$ 时，磁畴才会分裂，真正的磁畴壁才存在。因此，与磁性纳米粒子有关的单畴粒子无畴壁。

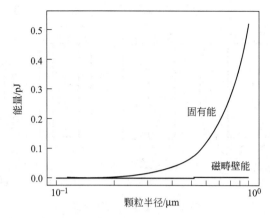

图 5-20　球形磁铁矿的固有能和磁畴壁的能量随着颗粒粒径变化的比较

有观点认为，超微粒子中磁畴数目可能不会太多，从图 5-21 中可以看出对于一个直径为 $100\mu m$ 大的等维磁铁矿，其估算的磁畴数目为 11 个。

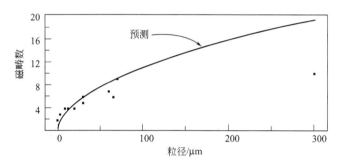

图 5-21　磁铁矿颗粒中磁畴数与颗粒大小的关系曲线

图中实线是理论预测曲线，黑点代表观测数据

表 5-4　球形磁性纳米粒子单畴的估算尺度

材料	D_{crit}/nm	材料	D_{crit}/nm
Co	70	Fe_3O_4	128
Fe	14	$\gamma\text{-}Fe_2O_3$	166
Ni	55		

在以上包括表 5-4 等的讨论中，之所以选择球形纳米粒子，是因为要排除纳米粒子具有其他几何形状时，所带来的磁各向异性的影响。与此有关的一个理论是，就某些同种磁性材料而言，球形纳米粒子单畴的估算尺度要远小于具有各向异性的。

总之，单畴粒子与磁性纳米粒子有着密切的关系。当磁性材料的颗粒足够小时，整个颗粒就可以在一个方向上自发磁化至饱和，形成了单畴粒子。其实质是，当粒子尺寸很小时，畴壁能相对于退磁能更严重，此时已没有必要再分磁畴，即保持单畴状态。

在包括纳米粒子在内的非常小的磁性颗粒中，颗粒被均匀磁化，形成单畴；在更大的颗粒中，固有能可以超越磁交换能和磁晶体各向异性能，因此不存在均一磁化。

磁性纳米粒子单畴的尺度除了可以估算外（表 5-4），目前人们正在探索有关检测技术。例如，高分辨磁力显微镜已可用于尺度小于 10nm 的磁畴测量。

矫顽力 H_c 随磁性粒子尺度的变化较为复杂，受多种因素的影响。图 5-22 为 H_c 与磁性粒子尺度的关系曲线，从中可以看出，在单磁畴态时，H_c 随磁性粒子尺度的增加而增加（这为提高材料 H_c 即硬磁性提供了一种途径）；当粒子尺寸小到超顺磁性临界尺寸时，H_c 恒为零；在多磁畴态时，H_c 随磁性粒子尺度的增加而下降，这是因为粒子为多畴态时，磁反转受畴壁控制，从而导致 H_c 下降。

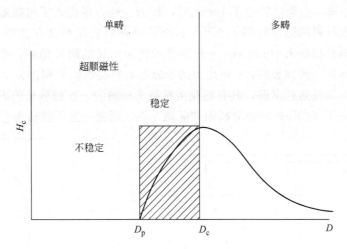

图 5-22　磁性粒子的尺度变化与矫顽力的关系

5.3.4　超顺磁性

图 5-22 中已经涉及超顺磁性（superparamagnetism）的问题，它的磁学参数特征是矫顽力 H_c 趋于 0，以下将继续讨论这一问题。

超顺磁性是磁有序纳米材料小尺寸效应的一个典型表现，如图 5-23 所示，假设磁性纳米材料是一单畴颗粒的集合体，对其中每一个颗粒而言，如果它的尺寸或体积进一步减小到一阈值，各颗粒内的磁矩方向就会有可能随着时间的推移，整体平行地保持在一个某一易磁化方向。本章 5.1.1 节中所讨论的磁性主要涉及原子磁矩，而这里的超顺磁性涉及的是纳米粒子的磁矩。

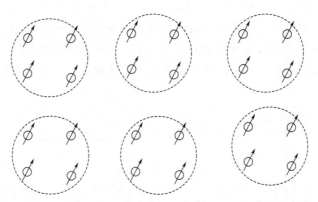

图 5-23　纳米材料超顺磁性的实质

单畴磁性粒子产生超顺磁性的临界体积 V 可由下式取得：

$$\Delta E = 25kT = KV$$

$$V = 25kT/K$$

式中，ΔE 为判据性能量（它与体系热扰动能和磁晶各向异性能有关）；K 为常数（它与弛豫时间等有关）；T 为温度；k 为波耳兹曼常数。

通过计算，在室温下呈现出超顺磁性的尺寸是：球形 Fe 晶体：12nm；椭球 Fe 晶体：3nm；六角密积 Co 晶体：4nm；面心立方 Co 晶体：14nm。

利用相关概念可以解释磁性纳米材料的一些特性变化。例如，直径为 85nm 的纳米 Ni 粒子，它的 H_c 很高，但当粒径小于 15nm 时，其 $H_c \to 0$，即进入了超顺磁状态。

利用纳米磁性材料的弛豫时间 τ（图 5-24）可以判断它是否具有超顺磁性。图 5-24 表明，纳米磁性材料粒径超出 10nm 后，τ 开始显示较为明显的增长趋势；超出 100nm 后，τ 开始发生突跃性增长。研究表明，τ 正比于纳米磁性材料的矫顽力和体积。

一般情况下，从低温到室温，具有超顺磁性纳米材料的 τ 在数秒至数天的范围。如果要某磁性材料要等一年（10^7 s）才会衰减为"顺磁"态，那就一定不能认为它是超顺磁性的。

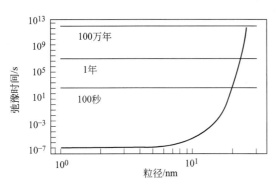

图 5-24　纳米磁性材料弛豫时间和颗粒粒径的关系

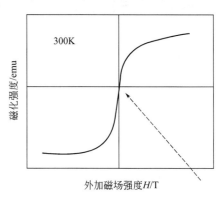

图 5-25　超顺磁性材料的磁化曲线

图 5-25 与本章前面介绍的磁滞回线明显不同，这是因为，当磁性颗粒在一定的纳米尺度范围内形成超顺磁性后，该超顺磁体的磁化曲线与铁磁体不同，没有磁滞现象；当去掉外加磁场后，超顺磁体的剩磁很快消失。

5.3.5　交换作用

电子自旋取向决定了自身磁矩的取向，图 5-26 中介绍了磁性材料电子自旋取向反向变化的两种模式。（a）模式为电子自旋取向直接发生反向逆转，该模式涉及的磁畴壁非常薄，但是交换能很高，当磁晶体各向异性能较为突出时，磁畴壁就比较薄；（b）模式为电子自旋取向发生过渡性反向逆转，过渡距离可达数百个原子长度，所需交换能很低，该模式涉及的磁畴壁较厚。

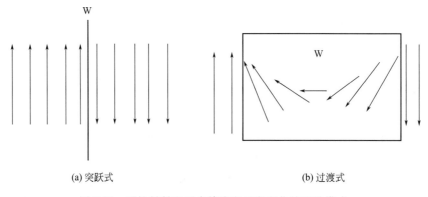

(a) 突跃式　　　　　　　　　　　　(b) 过渡式

图 5-26　磁性材料电子自旋取向反向变化的两种模式

　　纳米磁性材料内部的磁交换作用可发生在纳米磁性粒子之间，以及纳米多层薄膜之间。有关交换耦合的研究导致了巨磁电阻效应（GMR）的发现。GMR 效应是指当铁磁性材料和非磁性金属层交替组合成复合薄膜材料时（见图 5-27），在足够强的外加磁场中电阻值突然明显下降的现象。尤其值得关注的是，如果相邻材料中的磁矩方向平行的时候，电阻值变得很低；而当磁矩方向相反的时候电阻值则会变得很大。导致电阻值这种明显差异性变化的原因是，不同自旋的电子在单层磁化材料中散射性质各不相同。电阻值这两个反向变化趋势可分别作为信息技术中"0"和"1"两个数字信号的存储。

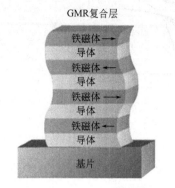

图 5-27　GMR 复合结构示意图

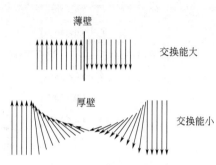

图 5-28　磁畴壁结构模型

　　图 5-28 反映出磁畴壁的厚薄与交换能的关系，如果电子自旋只是简单地从一个方向变为反向，这种情况下，磁畴壁非常的薄，但相关的交换能很大。相反，如果电子自旋方向经历几百个原子而逐渐变化的话，这一问题就可以解决。

　　有关磁性纳米粒子的研究仍在不断深入，如图 5-29 所示，如果将软磁体和硬磁体之间进行粒子交换弹性耦合，则可以同时保持高的 H_c 和 B_r，从而得到了高硬磁性的复合材料。

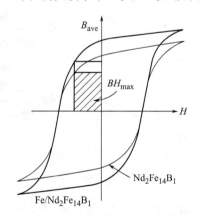

图 5-29　软磁粒子和硬磁粒子间的交换弹性耦合示意图

5.3.6　居里温度

　　在磁性纳米材料的研究中，已经发现居里温度 T_C 随纳米粒子尺度或薄膜尺度的减小而下降。这缘于小尺寸效应和表面效应，因为表面原子缺乏交换作用，尺度小还可能导致原子间距变小，这都使交换积分下降，从而导致居里温度 T_C 的下降。

　　本章重点介绍、讨论了磁学中的一些参数以及磁性纳米材料所表现出的特殊性质，在第 10 章中还将较为详细地介绍纳米磁性材料的重要应用。

思考题与习题

1. 分别找出具有 5.1.1 节中各类磁性的代表性物质。

2. 为什么可以用热重（TG）手段测量磁性材料的居里温度？

3. 从图 5-9 的磁滞回线中进一步分析矫顽力（H_c）、剩余磁化强度（M_r，简称剩磁）和饱和磁化强度（M_s）的物理意义。

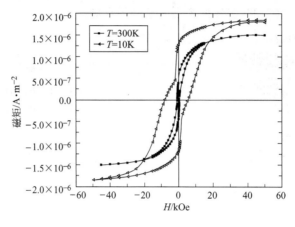

图 5A

4. 根据复合纳米薄膜 $CoFe_2O_4/Au/Fe_3O_4$ 磁滞回线（图 5A），分析该磁性材料在低温和常温下磁学性质发生的变化。

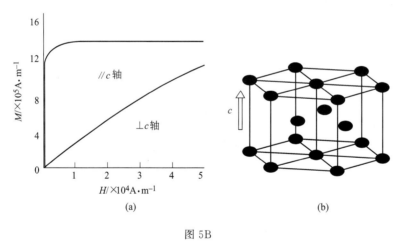

图 5B

5. 图 5B（a）为 Co 的磁化强度随外场变化而变化的曲线；（b）为 Co 晶体的六方紧密堆积（hcp）结构。

   （1）沿 c 轴方向是易磁化还是不易磁化？

   （2）标出（001）晶面。

   （3）如果所合成的 Co 纳米材料为棒状结构时，如何判断优势生长晶面？

6. 总结磁性纳米材料所表现出的特殊性质。

7. 研究表明，海龟在大海中游弋时有着惊人的方位判断能力，如在美国佛罗里达海边出生的海龟为了觅食可游至英国，但这些海龟最终还是回到了美国佛罗里达海边的出生地，整个过程按顺时针方向划了一个圆圈，行程上万公里，历时 5 至 6 年。

   （1）解释海龟具有准确的方位判断能力的原因。

（2）该研究丰富了"海龟"这一词汇的内涵，谈谈自己的认识

8. 当 Fe 颗粒的尺寸变为 20nm 时，其矫顽力比其大块材料可增加 1000 倍，但若进一步降低其尺寸至 6nm 以下时，它的矫顽力反而降低到零。分析其原因。

参 考 文 献

[1] 张志焜，崔作林. 纳米技术与纳米材料. 北京：国防工业出版社，2000.

[2] K. J. 克莱邦德主编. 纳米材料化学. 陈建峰等译. 北京：化学工业出版社，2004.

[3] Lisa Tauxe 著. 磁各向异性，刘青松译. 磁畴和超顺磁. （网络版）.

[4] J. Fassbinder，H. Stanjek，H. Vali. *Nature*，1990，343：161.

[5] D. L. Leslie-Pelecky，R. D. Rieke. *Chem. Mater*，1996，8：1770.

[6] Bitter. *Phys. Rev.*，1931，38：1903.

[7] R. F. Butler. *Paleomagnetism：Magnetic Domains to Geologic Terranes*，Blackwell Scientific Publications，1992.

[8] R. F. Butler，S. K. Banerjee. *J. Geophys. Res.*，1975，80，4049.

[9] D. Dunlop，O. Ozdemir. *Rock Magnetism：Fundamentals and Frontiers*，Cambridge University Press，1997.

[10] M. E. Evans，M. W. NcElhinny. *J. Geomag. Geoelectr.*，1969，21：757.

[11] S. Halgedahl，M. Fuller. *Nature*，1980，288：70.

[12] L. Neel. *Adv. Phys.*，1955，4：191.

[13] O. Ozdemir，D. J. Dunlop. *J. Geophys. Res.*，1997，102：20211.

[14] M. E. Schabes，H. N. Bertram. *J. Appl. Phys.*，1988，64：1347.

[15] L. Tauxe，H. Bertram，C. Seberino. *Geochem.*，*Geophys.*，*Geosyst.*，2002，3，DOI 10.1029/2001GC000280.

[16] W. Williams，D Dunlop，*J. Geophys. Res.*，1995，100：3859.

[17] E. Snoeck，Ch. Gatel，R. Serra，J. C. Ousset，J. B. Moussy，A. Bataille，M. Pannetier，M. Gautier-Soyer. *Mater. Sci. and Eng. B*，2006，126，120.

第6章 纳米材料电子学与光电子学

纳米材料电子学与光电子学关注的主要内容是，纳米尺度上电子、电气、光电相互转化和信息处理等方面的理论和技术问题。本部分的内容与当代光电、信息技术的发展密切相关，介绍时力求深入浅出，突出重点。

6.1 从计算机技术的发展过程谈起

表 6-1 计算机主要的发展阶段

阶段	起止年代	关键电子器件	应用领域
第一代	1946—1957	电子管	战争、科学研究
第二代	1958—1964	晶体管	科学研究，数据处理，事务管理
第三代	1965—1970	中小规模集成电路	进入系列化、标准化阶段，并向更广泛的应用领域拓展
第四代	1970—至今	大规模、超大规模集成电路	微型机和计算机网络先后诞生，最终深入普及到人类社会活动的各个方面

表 6-1 中列出了计算机发展的几个重要阶段，从中可以看出，计算机发展的前 3 个阶段是一个起步与积累的过程，而第四代计算机的发展则是一个明显的量变转化为质变的过程。如今，包括"信息化社会"、"微电子时代"等一些流行术语都与第四代计算机的快速发展、迅速普及有关。

尽管计算机技术自上个世纪 40 年代第一台电子通用计算机诞生以来已经有了令人始料不及的惊人发展，但是今天计算机的工作原理（图 6-1）仍然基本上类同于早期的计算机。事实上，计算机技术的快速发展主要体现在组成计算机各主要部件的不断更新上，而这些高效，甚至令人眼花缭乱的更新技术都是建立在材料科学与技术迅猛发展的基础之上的，可将这些材料统称为信息材料。进入 21 世纪，信息材料的发展不可避免地触及到纳米材料领域，以下内容为，通过介绍计算机中存储和 CPU 两大技术的发展过程，展示各类信息材料所扮演的重要角色。

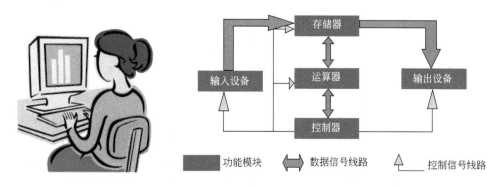

图 6-1 计算机和它的基本结构

6.1.1　计算机存储技术

图 6-2 展示了为人们所熟悉的计算机中常用固定和移动存储器件（P4 为 Pentium IV 的简称），对比过去的计算机存储技术（表 6-2），图 6-2 中存储器件的品质已经有了巨大的提升，但它们仍处于淘汰、更新之列，这是因为计算机存储器件的发展目前仍处于一个高速阶段。

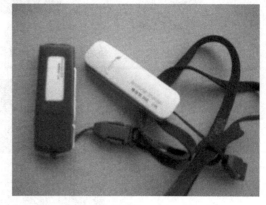

(a) P4硬盘　　　　　　　　　　　　　　　　　　　　(b) U盘

图 6-2　计算机中常用固定和移动存储器件

表 6-2　计算机存储技术发展简史

技术技术名称	发明年代	评　价
穿孔纸带	19 世纪中叶	1946—1970 年,共在 3 代计算机上使用,该项技术源自莫尔斯电码技术
计数电子管	1946 年	成本高,笨拙,未能长期占有市场
磁带	1950 年	用于录音、录像,20 世纪 80 年代发展达到高峰
硬盘机	1956 年	重量超过 1t,但在当时实现了大规模数据的存储
软磁盘	1969 年	第一代大规模普及的移动存储器
硬盘	1980 年	当今最重要的存储设备,分为固定、移动两种类型
光盘	1978 年	成本低,存储容量大,至今仍有强大的生命力

纸张至今仍然是十分重要的信息载体，但在很多人的印象中它一直是文字、图画等直观信息的存储材料，殊不知，纸张也曾经作为计算机信息存储的关键材料而广为使用。当时，纸带既是输入工具，也是存储介质，如图 6-3 所示，这些纸带宽 2.54cm（1in），长可达数十米及以上。纸带存储的工作原理是，操作人员在纸带上按字母或数字用打孔机凿出一些小孔（这个过程就是编程），输入计算机后纸带阅读机可将纸带上孔的分布情况由光信号转换成电信号，然后进入计算机信息处理过程。从图 6-3(b) 中可以看出，纸带存储密度是很低的，只有当今存储器件的几千万分之一，但仍不可否认，纸带存储技术在当时是一很好的创新。

谈完了纸带存储技术后，再来看看光盘。这两种计算机存储技术的相同点是，都是成功的技术创新，都富有生命力。但光盘的优势是，它不仅具有很大的存储密度（图 6-4），还充分体现出了快速、便捷的"数字编码"（digital）特点。

刻录是将计算机中的资料设法存入光盘的过程，如图 6-5 所示。刻录过程首先是将二进位制数字信号转换为光电脉冲信号，再通过大功率激光照射空白光盘的可刻录层（通常是晶

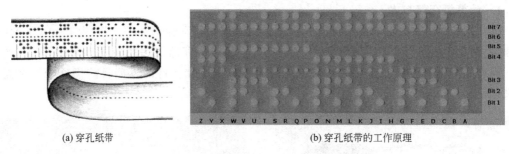

(a) 穿孔纸带　　　　　　　　　　　　　(b) 穿孔纸带的工作原理

图 6-3　曾经十分重要的计算机信息存储工具

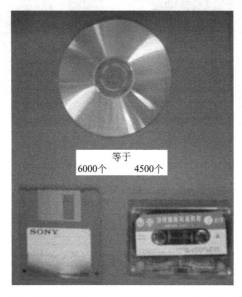

图 6-4　1 张 DVD 光盘相当于 6000 个磁盘或 4500 个盒式磁带的存储能力

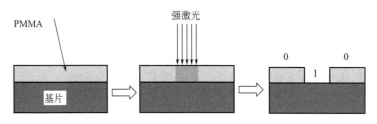

图 6-5　光盘的刻录

莹透明的 PMMA 层，PMMA 为高分子材料，俗称有机玻璃），在 PMMA 层上形成一个个平面（land）和凹坑（pit），分别代表 0 和 1。由于激光高度准直，不发散，它的束斑直径在 $1\mu m$ 左右，故可在 PMMA 层上精准刻录，刻录出微米、亚微米尺度的小坑（图 6-6）。

　　反之，利用光盘读取其中存储的资料时，光驱中的低能量激光光束照射在光盘片的 PMMA 层上，通过扫描平面和凹坑，从产生的反射光强度大小来判断 0 或 1，这样，一连串的 0 与 1 就组合成各式各样的数字信号重新被还原，进入计算机系统供阅读。

　　显然，与计算机有关的存储技术下一个发展阶段将是纳米尺度范围，图 6-6 中光盘的一个存储点的尺寸（点径）为 $1\mu m$ 左右，如果未来的商品化存储器的点径大小达到纳米级，那么存储材料 $2cm^2$ 的面积上可存储 250 张 DVD 的内容，有人预计这样的纳米存储器将很

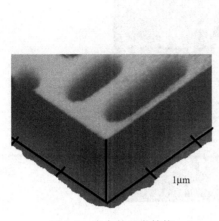

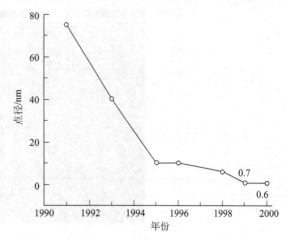

图 6-6　光盘的显微结构　　　　　　　　　图 6-7　纳米存储材料的点径研究进展

快投向市场。图 6-7 为近期国内外纳米存储器实验室研究进展的部分统计结果，这些存储材料既有纳米无机材料也有纳米有机材料。

6.1.2　计算机控制和运算技术

计算机中的控制和运算技术（有时也称为逻辑处理）是通过中央处理器（central processing unit，简称 CPU）完成的，CPU 是计算机系统的心脏，也即控制器和运算器（图 6-1）组成了中央处理器。纵观计算机尤其是微型计算机的快速发展过程，从一个侧面上看，就是 CPU 从低级向高级、从简单向复杂、从大尺度向小尺度发展的过程。

从表 6-1 中可以看出，前 3 代计算机核心器件依托的是电子管、单体晶体管以及早期的集成电路，而第四代计算机的 CPU 则主要依靠大规模集成电路（图 6-8，表 6-3）

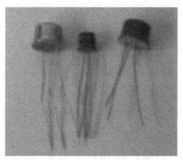

(a) 电子管　　　　　　　　　　(b) 单体晶体管　　　　　　　　　(c) 大规模集成电路

图 6-8　计算机发展所依靠的核心器件

图 6-9 为国外博物馆中展示的一台第一代老式计算机，这个庞然大物高达 2m 左右，长达　米。显然，这归因于该设备中使用了繁多的、大体积的电子元器件。随着时代的变迁，计算机功能提高的速度越来越快，同时计算机的体积也越来越小型化。

表 6-3 展示了第四代计算机 CPU 研发一个快速发展的过程，该表中有两个关键参数，一个是每一 CPU 中的晶体管数目，另一个是特征尺寸，即大规模集成电路的有效宽度。所谓大规模集成电路指的是，将大量的微型晶体管和微型电阻、电容一起装配在微芯片（芯片）上所制造出的完整电路。

图 6-9　第一代老式计算机

表 6-3　第四代计算机 CPU 的快速发展过程

发布年份	型　号	晶体管数/个	特征尺寸/μm
1971	4004	2250	8.0
1972	8008	3000	8.0
1974	8080	4500	6.0
1976	8085	7000	4.0
1978	8086	29000	4.0
1982	80286	134000	1.5
1985	80386	275000	1.5
1989	80486	1200000	1.0
1993	Pentium	3100000	0.8
1995	Pentium Pro	5500000	0.6
1997	Pentium II	7500000	0.35
1999	Pentium III	24000000	0.25
2000	Pentium IV	42000000	0.18
2002	Pentium IV	55000000	0.13

　　表 6-3 还很好地验证了著名的摩尔定律（Moore's law），1965 年，Intel 公司的创始人摩尔预言，计算机芯片上可容纳的晶体管数目，大约每隔 18 个月便会增加一倍，性能也将提升一倍。

　　在该硅材料上生产 CPU 时，内部各元器材的连接线宽度目前一般用 μm 表示。该宽度值越小，表明制作工艺越先进，CPU 可以达到的频率越高，所集成的晶体管数目更多。2002 年 Intel 公司的一款 P4 产品已经达到了 0.13μm 的制造工艺（表 6-3，图 6-10），而随后进一步推出的 CPU 迅驰等系列，大规模集成电路的有效宽度已接近或达到纳米尺度的一般上限（100nm）。

　　图 6-8(c) 中显示的大规模集成电路已是商品化的芯片，其生产过程较为复杂，主要包括晶圆的生产和处理，蚀刻和封装等步骤。晶圆（图 6-11）是制造大规模集成电路的基本原料。大规模集成电路的生产主要依靠光刻（lithography）等蚀刻工艺，光刻工艺是微电子工业的核心技术之一，是一种最精密的半导体晶片表面图形加工技术。图 6-12 介绍了一种常见的光刻工艺，该工艺首先要设计出供图形复制用的照相底片，然后通过投影步进曝光机使覆盖在半导体晶片上的光致抗蚀剂膜（即感光胶膜）按掩模版（照相底片）的图形曝光。曝光后通过显影，可使未遮盖的硅材料层与化学腐蚀剂作用，腐蚀后再去除掩膜胶即完成了光刻过程。

图 6-10　P4 芯片的电子显微图像（比例尺：约 1μm）

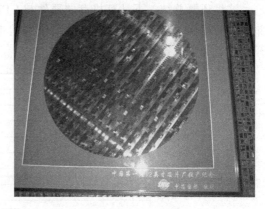

图 6-11　半导体晶圆

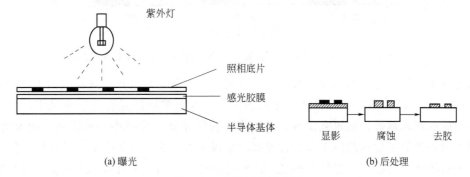

(a) 曝光　　　　　　　(b) 后处理

图 6-12　光刻原理示意图

当代社会，包括计算机芯片在内的大规模集成电路生产研发水平的高低代表了一个国家科研、工业化的整体实力，以美国为代表的西方发达国家在此走在了前面，亚洲地区的中国台湾、韩国也受益匪浅，我国大陆"十五"以来也有所作为，比如龙芯系列计算机芯片的研发和生产，以及相关加工设备的研制等（图 6-13）。

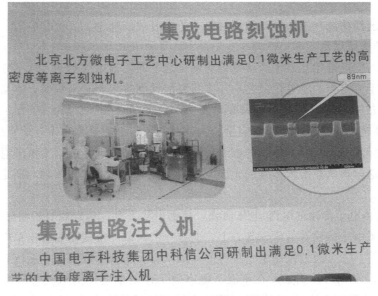

图 6-13　我国自行研制的蚀刻机

这里还要总结一下计算机存储器件与 CPU 的发展态势，图 6-14 清楚地表明：计算机存储器件与控制、运算器件（CPU）的市场销售额从 2003 年大致相当发展到存储器件 2008 年开始显现优势，这仅时隔 5 年。

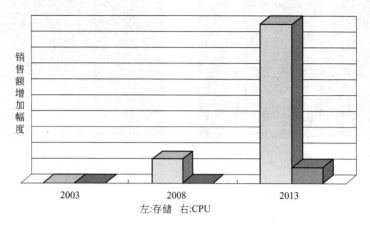

图 6-14　计算机存储器件与控制、运算器件（CPU）近期发展态势

如上所述，如今计算机芯片中大规模集成电路的有效宽度已接近或达到纳米尺度的一般上限（100nm），随着晶体管元器件尺寸的缩小，芯片上集成的元器件越来越多，计算机处理器的功能也越来越强。但研究发现，当晶体管的尺寸进一步缩小，真正进入纳米尺度时，将出现不同程度的半导体晶体工作的常规基本原理失常现象，甚至严重到使器件不能正常工作。解决这些新的问题，需要另辟蹊径，实现真正意义上的纳米计算机。目前，科学家们一直在研究基于不同的原理的纳米计算机，设计技术主要包括：电子式纳米计算技术，基于生物化学物质与 DNA 的纳米计算技术，机械式纳米计算技术，量子波相干纳米计算技术等。本书的后续部分还要做部分介绍。

6.2　纳米材料电子学重要理论基础

在此我们选择性地介绍几个与纳米材料电子学有关的理论。

6.2.1　单电子输运理论

单电子输运理论是建立在库仑堵塞效应基础之上的，该效应是 20 世纪 80 年代纳米材料领域所发现的十分重要的物理现象之一。当材料的尺度进入到纳米级时，体系中的电荷是量子化的，也即充放电过程都是不连续的，充入一个电子所需的能量 E_c 为 $e^2/2C$（C 为电容）。由于体系越小，C 越小，所需能量越大，因此，这个能量称为库仑堵塞能。

还可以这样理解，在纳米体系的电子传输中，库仑堵塞能是前一个电子对后一个电子的库仑排斥能，这就导致在纳米体系的充放电过程中，电子不能集体传输，而是逐个逐个进行的单电子传输。

图 6-15 为单电子传输的电流-电压曲线，呈锯齿状上升，与宏观块材明显不同。

在纳米体系电子传输等的研究基础上，西方一些国家相继成功制备出单电子晶体管。对比传统的晶体管，它是通过控制电子集群的运动状态，实现形成开关、振荡和放大等功能的单电子晶体管，如 SET。例如，在室温下能有效工作的单电子纳米碳管晶体管，它以纳米碳管为基础，依靠一个电子来决定"开"和"关"状态，以此区分"0"和"1"，这种

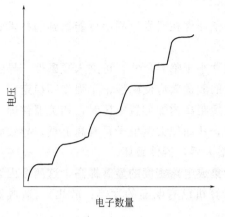

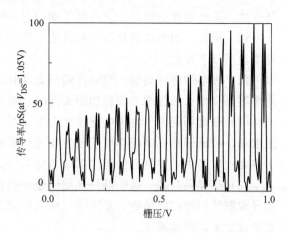

图 6-15　纳米体系电子传输的库仑堵塞现象　　　　图 6-16　单电子晶体管充电的振荡曲线

低耗能的单电子晶体管有望成为分子计算机的理想材料。图 6-16 所示为单电子晶体管充电的振荡曲线。

6.2.2　弹道输运理论

弹道输运理论是纳米电子学的重要组成部分。当器件的尺度降低到与电子的平均自由程相当时，电子的输运就可以看作弹道输运。例如，分子器件中电子主要是弹道输运。该理论借用炮弹出膛后依靠惯性来运行的物理现象，来描述电子的运动。电子的弹道输运理论内容较多，它的基本思想是：在固体中虽然存在着大量的原子，但只要这些原子严格地位于周期性的晶格格点上，电子在固体中的运动仍可以看作是不与晶格原子发生碰撞的无障碍运动，即电子无散射地穿越器件，或经过较少散射穿越器件（准弹道输运）。

6.2.3　压电效应

对一些晶体材料而言，当向一定的方向上施加机械力，而导致材料变形时，其晶体内部就会产生极化现象，在特定方向的两个表面上产生正负电荷 Q，当作用力强度改变时，电荷的大小和极性随之改变，晶体所产生的电荷量大小和极性随之改变，晶体所产生的电荷量大小与外力的大小成正比，这种现象称压电效应，如图 6-17 所示。

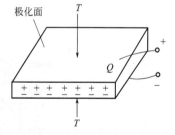

因此，将具有压电性能的电介质称为压电材料，研究此类材料的意义在于它可实现机械能-电能量的相互转换。压电材料通常分为三大类型：压电单晶材料，它包括压电石英晶体和其他压电单晶；陶瓷压电材料，为多晶材料，如钛酸钡

图 6-17　压电效应示意图

与锆钛酸铅系列压电陶瓷；新型压电材料，比如压电半导体和有机高分子压电材料。

6.3　纳米材料电子学研究进展简介

6.3.1　纳米尺度集成电路发展的障碍及解决对策

纳米材料的小尺寸效应也具有两面性，它并非在任何时候都是对科技进步有利的。实际上，在微电子领域，小尺寸效应可给传统集成电路进一步的微型化带来某些技术障碍。另一方面，宏观量子隧道效应也对未来微电子器件的发展具有导向作用，该效应既划定了微电子器件进一步微型化的极限，又限制了颗粒记录密度。

综上所述，纳米级信息存储和其他一些纳米电子器件在研发过程中可能遇到的技术难题可能包括以下几点。

（1）**磁学性能的突变**　当磁性颗粒太细时，尺寸小于临界尺寸，可进入顺磁性，导致磁化率明显降低；磁性纳米颗粒相距太近时，畴壁处的隧道效应使磁性记录强度不稳定。

（2）**强电场问题**　由于电路尺寸太小，当在超短距离内加偏置电压时，相关器件即产生强电场，载流子在强电场作用下发生较强烈的碰撞，从而使大量电子具有高能量，导致载流子热化现象产生，并且会引起"雪崩击穿"，电流增大后，器件破坏。

（3）**热损耗问题**　这些器件尺度的超小型化和集成电路密度的显著提高，这两个因素均会导致散热问题的解决进一步困难（现在的商品计算机已有明显的发热、散热），造成器件稳定性变差，寿命减少。

普遍认为硅集成电路中线路的有效宽度的极限约为 70nm，而近期国际上研发产品最窄

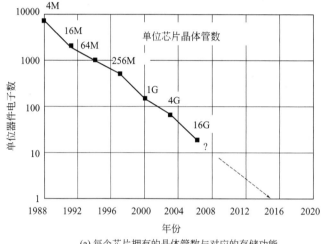

(a) 每个芯片拥有的晶体管数与对应的存储功能

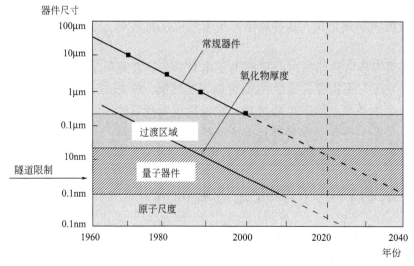

(b) 装置的尺度与其中关键材料(氧化物)的厚度

图 6-18　纳米电子器件未来发展预测

线宽已达到 130nm，且正向极限宽度迅速接近。试想将硅器件做得更小的话，电子会隧穿通过绝缘层，造成电路短路。

解决上述缺陷的方法包括：

（1）在光刻技术上加以改进，如利用双光子光束方法中的量子纠缠态技术，会有可能将器件的极限缩小至 25nm；

（2）研制硅的替代材料；

（3）改变掺杂方式，如完全不掺杂或使掺杂原子形成规则阵列，可阻止电子量子力学隧穿。总之，一些困难不会阻止纳米电子学的进一步发展。有关预测是乐观的，图 6-18 是两个实例。

6.3.2　纳米发电机

图 6-19 所示的纳米发电机是纳米材料电子学领域中颇受关注的研究工作。在该图中，电流的产生依托于压电效应，压电材料为 ZnO 纳米棒，施压工具是 AFM 的探针，施压方式是探针从 ZnO 纳米棒底部至顶部连续扫过。这一研究需将 ZnO 纳米棒尽可能地垂直固定在导体基片上，显示出了纳米材料研究中形貌控制、有序组装等研究的真正价值。目前，这一研究正向规模化集成、进入实用的方向努力。

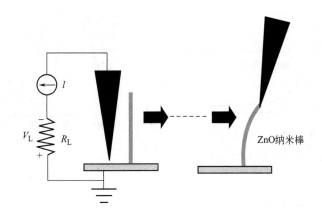

图 6-19　纳米发电机原理示意图

除此之外，在 21 世纪，超导量子相干器件、超微霍尔探测器、纳米有机电子器件和超微磁场探测器等也将有可能成为纳米电子学研究中的主角。

6.4　纳米材料光电子学简介

光电子性能是纳米材料研究中十分重要的内容，它在本书中多处出现，在此将一些重要的知识再进行归纳。

6.4.1　能隙

能隙（energy gap，简称 E_g）是衡量材料导电性能的理论参数（另一常见参数为电阻或电阻率），可从图 6-21 中的吸收曲线边带位置计算。一般说来，当 $E_g \leqslant 0.1eV$ 时，材料为导体，当 $E_g \geqslant 4eV$ 时，材料为绝缘体，介于两者之间为半导体。E_g 是一个阈值，代表电子从价带跃迁到导带时所需要的最低能量，按照分子轨道理论，E_g 为最低空轨道（lowest unoccupied molecular obit，简称 LUMO）与最高占有轨道（highest occupied molecular

obit，简称 HOMO）之间的差值，在图 6-20 中被标定
为跃迁 1，在该图中 3 种电子跃迁所需能量有 1＜2＜3 的
顺序，反映在光谱吸收曲线中此 3 种电子跃迁所吸收波
长依次递减（图 6-21）。

可见-紫外光谱（UV-Vis）虽然简单，但在纳米材
料领域仍然是一种重要的光谱分析手段。

可利用图 6-22 中 UV-Vis 光谱曲线的边带计算有关
样品的 E_g 值，计算所用公式为普朗克方程。该图中曲

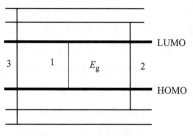

图 6-20　能隙的概念

线对应的样品从左到右依次为：层状钛酸，层状钛酸被锐钛矿 TiO_2 插层后的复合结构，原
始锐钛矿 TiO_2。计算结果表明，层状钛酸被锐钛矿 TiO_2 插层后，E_g 值从 3.5eV 红移
到 2.7eV。

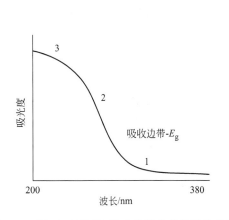

图 6-21　E_g 与 UV-Vis 吸收曲线边带位置的关系

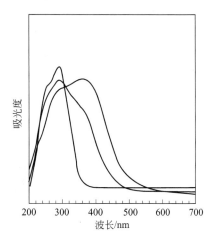

图 6-22　质子化钛酸盐——层状钛酸
等的 UV-Vis 光谱

6.4.2　发光纳米半导体材料

6.4.2.1　电致发光

电致发光对人们来说并不陌生，如白炽灯泡、日光灯管的发光等。随着材料科学与技术
的迅速发展，人们不断探索新型电致发光材料，其中 LED（light emitting diode）就是其中
的一个研究热点。LED 意为发光二极管，可制成半导体固体发光器件，它采用固体半导体
芯片作为发光材料，例如，2008 年北京奥运会开幕式上 LED 发光五环（图 6-23）总共用了
4 万多个二极管。如图 6-24 所示，LED 的关键器件包含 P-N 型半导体结构，N 型和 P 型半
导体的交界处是发光界面，当在 LED 的两端加上正向电压，该半导体中的载流子发生复合
引起光子发射，产生红、黄、蓝、绿、青、橙、紫、白色等可见光，具体发光颜色视半导体
的种类、结构、掺杂等因素而定。LED 的发光机制为：能量较高的 N 型半导体中的电子
（处于导带）向能量较低的 P 型半导体的空穴（处于价带）回填，该过程释放出光子。

如今，LED 的研究也触及到纳米材料研究领域，在学习了纳米材料的光学性质后，知
道物质的发光颜色不仅和物质的种类有关，而且对同种物质而言，还与自身的尺寸有关；纳
米 LED 制作器件时，用量少，易加工。LED 使用纳米技术后，还可节约电能，比如，国外
有研究小组在 LED 表面上蚀刻出数以亿计的微孔，就可让 LED 灯胆的亮度明显增大，而无
需增大电能。进一步的研究表明，利用纳米印痕光刻技术（图 6-12），可以快速大量地蚀刻

图 6-23　2008 年北京奥运会开幕式上 LED 发光五环

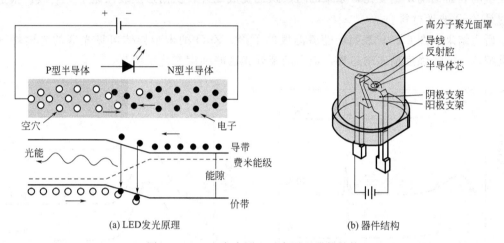

(a) LED发光原理　　　　　　(b) 器件结构

图 6-24　LED 发光原理示意图和器件结构

微孔，不但成本下降，还可以让 LED 更加透光，体积还更小，并有望做到更加省电。

在图 6-25 中，LED 与半导体激光器构成比较相似，它们均具有三明治结构，即两端分别是 N 型和 P 型半导体，中间是发光层。与 LED 不同的是，半导体激光器的设计要求半导体材料具有更快速的电子与空穴汇合速度，同时还要配上谐振腔。半导体激光器现已用于量子薄膜的研究以及 CD，DVD 光盘判读等。

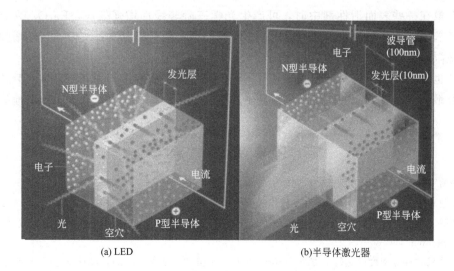

(a) LED　　　　　　　　　　(b) 半导体激光器

图 6-25　LED 与半导体激光器的原理对比

6.4.2.2　光致发光

光致发光最为常见的为光致荧光（photoluminescence，简称 PL）。PL 是一重要的光电子学概念，在本书的其他章节，我们讨论了它产生的原理（第 1 章）和它的重要应用（比如，量子点等，见第 7 章），这里将介绍通过低温提高 PL 光谱效果的研究。由于材料中电子传输特性随温度变化有较大的变化，所以仅在室温下测量 PL 是不够的，现在常用低温法观测。其意义在于，当使用液氮或液氦制冷时，可减小由于样品中晶格振动而引起的电子散射，能够更清楚地观察到掺杂和结构缺陷

相关研究中，已观察到纳米 TiO_2 在 560nm 处出现的发光峰，是由于介电效应导致纳米粒子的表面结构发生变化，原来的阻禁跃迁变成允许，从而形成表面激子。当然，报道更多的是 ZnO 纳米材料。

研究结果（图 6-26）表明，随着温度的下降，ZnO 纳米半导体可见光区的光谱峰（尤其是窄峰）的峰强度呈递增趋势，而它的紫外光区峰强度变化不明显。

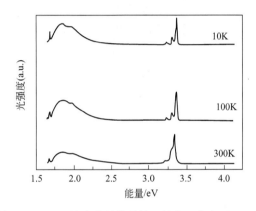 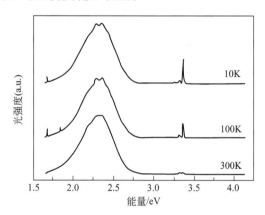

图 6-26　ZnO 纳米半导体材料（掺杂）的变温 PL 谱　　图 6-27　ZnO 纳米半导体材料（N 型）的变温 PL 谱

与图 6-26 相反，随温度的下降，另一类 ZnO 纳米半导体可见光区宽峰的峰强度变化不明显，而紫外光区峰强度递增（图 6-27）。

纳米材料光电子学还有着其他丰富的内容，比如，现已发现，不少过渡族金属氧化物纳米粒子分散在一些表面活性剂中时，可产生光学三阶非线性增强效应，Fe_2O_3 纳米粒子在十二烷基苯磺酸钠中三阶非线性效应比在水中高出两个数量级。这种三阶非线性增强现象归结于介电限域效应。

本章也只是对纳米材料电子学与光电子学的部分重点内容进行了介绍，本书后续部分还将陆续接触到一些这方面的知识，包括量子点以及纳米材料在光催化和太阳能电池等方面的应用等。

思考题与习题

1. 本书中的"能隙"（E_g）为何概念？它能解决什么问题？

2. 为什么图 6A 中描述导体、半导体和绝缘体的能级示意图是不严谨，甚至是错误的？

3. 如何理解"我们正处于数字时代"这句话中的"数字"二字？为什么"数字电视"应翻译成 digital TV，而不是 number TV？

4. 现在计算机的存储密度已达每平方英寸 30～50Gbit（1 英寸等于 2.54cm），试计算老式计算机使用纸带存储技术时［本章图 6-3(b)］的存储密度。

导体　　　　　　　半导体　　　　　　　绝缘体

图 6A

5. 在包括纳米材料在内的各类新型存储材料（或分子开关）的研究中，都遵循一个基本原理，这个基本原理是什么？

6. 光盘属于什么类型的材料？利用本课程和材料生产、加工等方面的知识，估计生产光盘的成本。

7. 为什么有些光盘刻录软件的操作按钮标注为"烧录"？读取光盘中的数据时，为什么要使用低功率激光？

8. 单电子晶体管的工作原理是什么？

9. 在图 6-19 所示的纳米发电机中，为什么要使用 ZnO 纳米棒，而不是其他形貌的纳米 ZnO？

10. I-V 曲线的测试是纳米材料电子学中常遇到的研究内容，根据此 ZnO 纳米薄膜的 I-V 曲线（图 6B）回答以下问题：

（1）当测试结果为直线时，反映出的问题是什么？

（2）该 ZnO 纳米薄膜的电阻是多少？

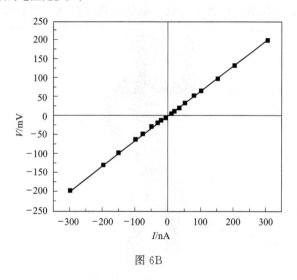

图 6B

参 考 文 献

[1]　汪信，刘孝恒. 纳米材料化学. 北京：化学工业出版社，2006.
[2]　薛增泉，刘惟敏. 纳米电子学. 北京：电子工业出版社，2003.
[3]　李国华. 物理，2001，30：506.
[4]　B. Xiang, P. W. Wang, X. Z. Zhang, et al. *Nano Lett.*, 2007, 7: 323.
[5]　G. D. Yuan, W. J. Zhang, J. S. Jie, et al. *Nano Lett.*, 2008, 8: 2591.
[6]　Z. L. Wang, J. H. Song. *Science*, 2006, 312: 242.

第 7 章　纳米材料生物学

随着纳米生物材料、纳米生物技术研究的迅速、深入发展，所积累的成果与知识点已构成纳米材料生物学的基本轮廓。另一方面，过去生物、医学方面的一些知识内容，也与纳米概念有关。将这两方面的内容结合，就构成了以下纳米材料生物学的知识体系。

7.1　生物领域中的纳米材料和纳米结构

在生物和医学等科学技术研究领域，其发展过程可以从研究对象几何尺寸的演变、深入得到充分体现。在古代和传统医学中，诊疗方法主要是建立在宏观尺度（图 7-1）上的，通过大夫直接观察诊断对象的肤色、胖瘦、精神状态、体温等宏观现象获得信息，尽管这些诊疗技术至今仍然普遍采用，但如今所研究和观测重要生物体和生命物质的几何尺寸早已突破宏观尺度，向着更加精细的方向快速发展，这得益于相关基础理论研究和近代分析仪器技术等的快速发展。图 7-2 为在不同尺度下对乳腺癌的诊断及检测、分析结果，在毫米尺度，即

图 7-1　几何尺寸与生命科学之一：宏观尺度

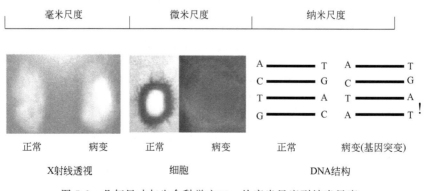

图 7-2　几何尺寸与生命科学之二：从毫米尺度到纳米尺度

通常所说的在医院拍片，图片显示诊断对象的正常乳房图像色泽均匀，病变乳房则不同，长度为数十毫米的亮白色光斑处为肿瘤部位；在微米尺度，通过多种显微技术已可较为容易地观察到乳腺中正常细胞和癌细胞形貌上的差异；在纳米尺度，这是目前为止医学研究所延伸到的一个新层次，它与分子生物医学密切相关，研究认为，导致乳腺癌的根本原因是基因突变，即正常基因中一 G-C 碱基对被 A-T 碱基对所替代。

如前所述，现代生物和医学的一个重要标志是所研究、检测对象的几何尺度达到了微纳米级。图 7-3 进一步展示了微纳米尺度下重要生物体和生命物质，主要的纳米结构：蛋白质组装体，核酸和层状脂肪，它们多数与自组装概念有关，自组装是研究热点，将在本章后续以及下一章中介绍。另外，图 7-3 中蛋白质、核酸和脂肪等主要的纳米结构还可以继续组装成更高级的生物结构，体现出生命世界的无穷奥妙，这里将着重介绍病毒的结构。

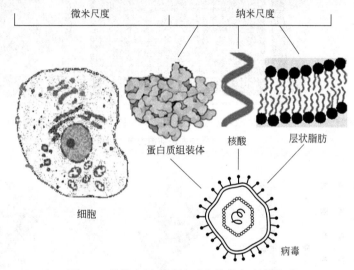

图 7-3　微纳米尺度下重要生物体和生命物质

7.1.1　DNA 的纳米结构

从图 7-4 中可以看出，DNA 分子双螺旋结构的宽度为 2nm，碱基对之间的间隔为 0.34nm，螺旋结构的周期为 3.4nm，这些数据都显示出了 DNA 分子的纳米结构特征。值得指出的是，纳米技术的快速发展为 DNA 结构研究提供了新的手段，现已可以采用 STM 技术观察到 DNA 分子的双螺旋结构。DNA 分子双螺旋结构是 1953 年发现的，这是生命科学乃至整个科学技术发展进程中的一个里程碑事件（见图 7-5）。

7.1.2　蛋白质的纳米结构

蛋白质的分子结构是生物化学中的重要内容之一，其中大部分内容都与纳米结构有着密切的关系。图 7-6 为蛋白质的一级至四级结构示意图。蛋白质的二级结构是指肽链在一定方向上形成的有规律的、周期性的空间结构，维持空间构象稳定存在的作用力是氢键以及 vander Waals 力，蛋白质的二级结构涉及 α 螺旋结构（图 7-6）和 β 片层结构，其中 α 螺旋结构的周期高度为 0.54nm，多数蛋白质同时包含 α 螺旋、β 片层以及非晶结构。从几何形状上划分，在蛋白质二级结构基础上可形成纤维状和球状蛋白质。纤维蛋白多属于结构材料，如角蛋白、胶原、弹性蛋白等，球状蛋白质多属于功能材料，具有生物活性，如酶和血红蛋白等，这也从一个侧面反映出纳米材料的几何形状调控性研究意义深远，令人回味。

球状蛋白质的形成还涉及蛋白质的三、四级结构，如图 7-6 所示。蛋白质三级结构是蛋

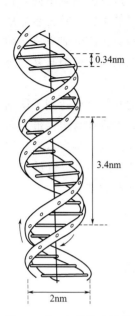

图 7-4　DNA 的纳米结构　　　图 7-5　DNA 分子的双螺旋结构的诞生地——英国剑桥老鹰酒吧
（图中左侧插图为该酒吧所挂历史介绍铭牌）

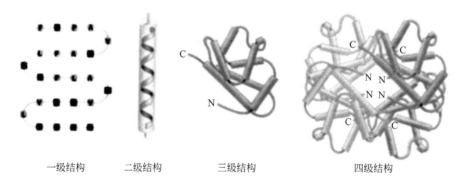

一级结构　　　　二级结构　　　　　三级结构　　　　　　　　四级结构

图 7-6　蛋白质的四级结构是蛋白质三级结构纳米线团的二次团聚体

白质二级结构进一步折叠、卷曲后形成的球形聚集体，研究表明，具有合适三级结构的蛋白质才显现生物活性，如一些酶。如今，纳米材料学的快速发展已使人们进一步领悟到，蛋白质四级结构是蛋白质三级结构的二次团聚体，与常规纳米材料中的团聚体一样，二次团聚基本上是靠非化学键作用力完成的。由于蛋白质四级结构可发展成为体积更大的聚集体，以致体积增大到普通光学显微镜可以观察到的程度，一个典型的实例是血红蛋白。

　　在蛋白质四级结构的基础上，还会出现进一步的堆积或组装。如果将图 7-6 中的蛋白质四级结构看成片状结构的话，那么很多这样的片子有序叠加在一起的话，就会形成图 7-7 所示的蛋白质管状组装体结构。

　　除此之外，自然界中是否还存在蛋白质更深奥的堆积或自组装现象呢？有关问题见以下病毒内容。

7.1.3　病毒

　　病毒在纳米材料、纳米科技研究领域中的切入点至少应包括以下两个方面：首先病毒微

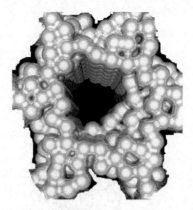

图 7-7　蛋白质管状组装体的结构示意图

粒的几何尺寸至少有一维方向在纳米尺度范围内，其次病毒微粒几何形状的多样性正是纳米材料研究中关注的一个热点问题。病毒是由核酸及包裹在外围的蛋白质构成的，病毒与人类的健康关系密切，目前很多困扰人类的疾病是由各类病毒引起的，如一些流感、肝炎、非典型肺炎（SARS）、艾滋病等。纳米材料的应用研究也有部分工作涉及该领域，图 7-8 中介绍了一些常见病毒的种类以及它们的几何形状和尺寸等。病毒的分类有多种方法，从形貌上看，病毒大致可分为 4 类：

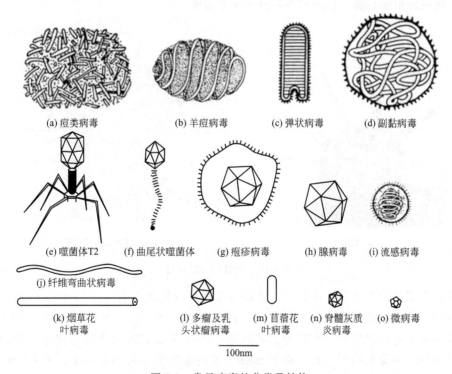

图 7-8　常见病毒的分类及结构

（1）多边形结构，其中以正 20 面体最为常见，如（e），（f），（g），（h），（l）和（n）等；

（2）螺旋结构，如（d），（i），（j），（k），（m）和（b）等，其中对于（b）的螺旋结构尚存争议，螺旋状病毒的结构还可见图 7-9；

（3）特殊的混杂结构，如（a）；

（4）核-壳型球体，如（d），（g）和（i）。

图 7-9　螺旋状病毒的结构

因此，病毒至少在以下 4 个方面具有纳米结构的特征：

（1）病毒是天然的、由核酸和蛋白质构成的纳米复合材料；

（2）病毒的大小一般在纳米尺度范围；

（3）不少病毒属于核-壳结构；

（4）病毒的形成包含了自组装等超分子化学过程。

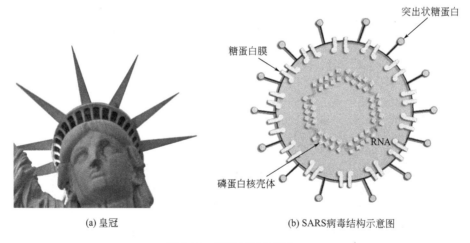

(a) 皇冠　　　　　　　　　　　　　　(b) SARS病毒结构示意图

图 7-10　皇冠与冠状病毒

　　以下将对冠状病毒做进一步介绍，冠状病毒因其形状而得名（图 7-10）。例如，常见的流感病毒与 SARS 病毒的形状均为球形，直径也都约为 100nm，所不同的是 SARS 病毒的外围结构相像于古代的皇冠，故称为冠状病毒。2003 年 SARS 在中国等国家肆虐时，人们开展了对 SARS 病毒的研究工作。由于 SARS 等病毒实为一种纳米粒子，不可能利用普通光学显微镜对它们进行观察，因此，在 SARS 流行的初期，人们因无法清楚地观察到 SARS 病毒的真实面目，同时又无特效检测试剂，只能通过综合观察病员的宏观体征现象（包括体温测量、胸部拍片等）进行诊断，该诊断方法的不足导致了"疑似病人"这一称谓的出现。迄今为止全球各类医疗机构诊断肝炎、艾滋病还是通过间接的测试方法（如采用特效试剂等），而肺结核、痢疾等由细菌引起的疾病以及癌症、一些血液病等都可以通过普通光学显微镜直接观察到病原体或病变细胞，这是因为细胞、细菌已属于微米粒子范畴。

从理论上说，采用高分辨透射电子显微镜（HRTEM）是可以对包括 SARS 病毒在内的直径为 100nm 粒子的几何形状进行清晰观察的，但价格超过 300 万人民币的观测设备普遍装备医院在近期是不可能的。更为严重的问题是，SARS 病毒这种有机体在 HRTEM 观察过程中受到高能电子的冲击将要发生一些物理和化学变化，从而使自身原有结构发生改变，故大量的 SARS 病毒的电子显微照片只能观察到病毒的球形轮廓，而所展示出的冠状病毒结构常常只是一种人工模型。近期国外的生产厂家开发出将生物样品低温冷冻后再进行 HRTEM 观察的附加装置，以期消除或降低高能电子冲击生物样品所产生的副作用。

病毒的繁殖是依靠其内部的核酸（DNA 或 RNA）侵入宿主细胞内，在较短的时间内，宿主细胞就可生成成千上万，甚至上百万个与亲代病毒完全相同的子代病毒。这一繁殖过程是复制模式，即以亲代病毒为模板，复制出大量相同的子代拷贝。图 7-10(b) 中的糖蛋白膜的功能是负责营养物质的跨膜运输、新生病毒的出芽释放与病毒外包膜的形成；突出状糖蛋白的作用是受体结合位点、溶细胞作用和主要抗原位点。当这些结构蛋白和基因组 RNA 分别复制完成后，可在宿主细胞内质网处组装（assembly），生成新的冠状病毒颗粒，并通过高尔基体分泌至细胞外，从而完成其生命周期。

图 7-11 为艾滋病毒（HIV）的结构示意图，它的部分结构与图 7-10(b) 中的 SARS 病毒有相像之处，HIV 的尺寸小于 SARS，HIV 病毒属于在病毒"大家族"中的定位是逆转录病毒科慢病毒属中的人类免疫缺陷病毒组。艾滋病损害人类的机理是，HIV 把人体的免疫系统中最重要的 T4 淋巴细胞作为攻击目标，大量吞噬、破坏该淋巴细胞，导致整个人体免疫系统不断遭到损伤，最终使人体丧失对各种疾病的抵抗能力，从而导致死亡。因此，科学家把 HIV 病毒称为"人类免疫缺陷病毒"。

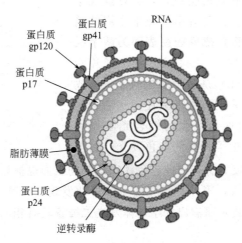

图 7-11　HIV 病毒的结构示意图

7.1.4　动植物界丰富的纳米结构

动植物界有着丰富的纳米结构或超微结构。例如，研究发现，老鼠的门牙为矿物板层结构，看似密实的一颗牙齿，是由众多的针状材料排列而成的，这种排列留有一定空间，是牙齿具有刚柔相济性能的主要原因。古人云：疾风知劲草。在一些植物体中，非晶 SiO_2 可被纤维素、蛋白质等大分子稳定而形成典型的纳米丝结构，这种纳米 SiO_2/生物大分子复合体存在于植物的树叶、树枝等部位，从理论上说，这些纳米复合植物具有较好的力学性能。

　　近期的研究已证实，动植物界含有丰富的纳米结构。荷花之所以出污泥而不染（见图 7-12），是因为荷花、荷叶的表面具有强疏水性，显微观察表明，平时看似光滑的荷叶表面结构其实是粗糙的，它们的表面凹凸不平但错落有致，这些凸状柱（直径约为数纳米）的大小、高低和排列分布都具有较好的规整性、有序性，属于自然界一种奇妙的自组装现象（自组装内容见下一章）。构成荷花、荷叶表面层结构的物质为蜡状有机物，系由角质和脂肪等成分组成。

图 7-12　出污泥而不染的荷花

图 7-13　蓝色蝴蝶翅膀的表面微结构

图中比例尺：（a）约 $50\mu m$；（b）约 $200nm$

　　对动物有关部位的纳米结构研究则更加有趣。包括荷兰、中国等国家的学者利用 SEM，AFM 等显微观测技术研究了一些蝴蝶（如蓝色蝴蝶）翅膀颜色的形成机理。研究表明，蓝色蝴蝶翅膀表面这种类似于金属光泽颜色的产生不属于通常染料、颜料的显色机理（见第 1 章），而是在一定程度上相像于天空雨后彩虹的生成机理，彩虹现象是水滴对可见光进行散射、折射等综合光学作用的结果。如图 7-13(a) 所示，蓝色蝴蝶翅膀表面为微米级有序的鳞片状结构，其厚度为 $3\sim4\mu m$，每个鳞片实为一个细胞单元。图 7-13(b) 是鳞片结构的进一步放大图像，表明鳞片的表面又是由纳米级瓦楞状结构构成的。正是在这纳米级界面所产生的综合光学作用（图 7-14），使蝴蝶翅膀产生了特殊的蓝色发光，它与

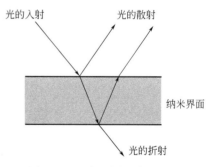

图 7-14　蓝色蝴蝶翅膀的显色机理——综合光学作用

入射光的角度和观察的角度有关，因此蓝色蝴蝶翅膀的表面也被认为具有光子晶体的性能。

　　相关研究还在不断深入，国外有研究人员惊讶地发现，一种非洲蝴蝶鳞粉中所含的物质，竟然与应用新型纳米技术研制出的半导体发光二极管具有相同的晶体结构。

7.2　纳米机器

　　一些蛋白质与核酸所具有的奇特功能正是当今纳米科技领域探索、关注的热点，因此一些蛋白质与核酸也被称为天然的"纳米机器"。例如，作为生物催化剂，酶是天然的"纳米机器"，属于大自然的杰作。其中，淀粉酶属于"纳米切割机"，它可将长链的多糖分子"切割"成（实为降解）易于人体吸收的单糖分子。

7.2.1　天然的纳米机器——DNA

图 7-15 展示了 DNA 的复制过程。DNA 所具有的遗传信息精确存储和传递特性现已广泛应用于生命科学、公安刑侦和考古等众多领域。21 世纪初期，一个引起全球关注的科学研究成果是人类基因组序列图的完成（图 7-16）。在此，我们又一次提到美国著名科学家费曼，他在很多年前曾经感言："如何将信息存储到一个微小的尺度？令人惊讶的是自然界早就解决了这个问题，在基因的某一个点上，仅 30 个原子就隐藏了不可思议的遗传信息"。图 7-17 可以帮助我们理解费曼的这番话，如果将 DNA 中的两种碱基对 "A-T" 和 "C-G" 分别看成 "0" 和 "1"，那么 DNA 中的碱基对排序就构成了二进位制的计算机编码。如果再考虑其镜像关系，即 "A-T"，"T-A"，"C-G"，"G-C"，那么图 7-17 也可理解为四进位制编码。当然，这些都是对 DNA 信息存储功能朴素的理解，实际情况可能要复杂得多。

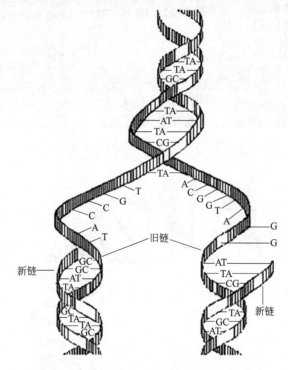

图 7-15　DNA 的复制

7.2.2　生物分子马达

生物分子马达研究工作近期在生物化学等领域中颇受关注，如被称为 kinesin（又被称作运动蛋白）的分子马达酶的研究已有较多报道，这种生物马达可沿着细胞的骨架结构——网状组织推动、运输细胞内的染色体等多种活性物质，这些网状组织是由带有微管结构的纤维构成的。kinesin 分子马达酶一般为由两条分子链构成的二聚体，二聚体中两条分子链为肽链结构，相互结合后构成分子马达的主干，主干的下端分叉后形成两个用于运动的端点，端点携带酶的活性部分，与细胞组织中的微管蛋白和高能化合物三磷酸腺苷（ATP）结合，ATP 在相关酶的催化作用下水解并释放能量，以此推动分子马达沿着微管向前运动，在这一过程中，该分子马达显示出高的能率比。

在有关 kinesin 分子马达的工作机理研究中，图 7-18 中列出的是两种被普遍公认的运动机理。图 7-18(a) 展示的机理其实质为分子马达中的两个端点以旋转的方式交替向前运动，

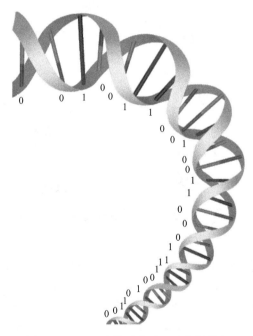

图 7-16　人类基因组研究计划

图 7-17　DNA中的碱基对二进位制排序

当主干旋转 180°时，则完成了一个运动周期；图 7-18（b）展示的机理为，分子马达中的左端点向前移动并与右端点相聚，右端点再向前移动相同距离，从而完成了一个运动周期，这类似于一些昆虫的蠕动。无论是哪一种运动方式，kinesin 分子马达的一个运动周期均消耗一个 ATP 分子，其步长均为 8nm，从图 7-18 中可以看出，它是两个相互间隔的微管蛋白基本单元的距离。在这种周期性的运动过程中，分子马达始终保持着与微管蛋白的接触，这可

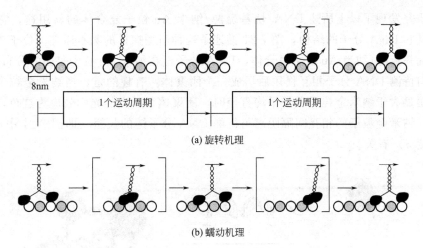

図 7-18　生物分子马达 kinesin 的两种运动模式

以确保细胞中一些活性成分的长途输送有效进行。

7.3　生物识别技术

　　建立在纳米材料基础之上的新型生物识别技术研究有着深远的意义，它有可能为将来的分子生物学研究、疾病诊断等提供新的行之有效的方法。因此，相关研究是纳米材料生物学的一个十分重要的内容。

7.3.1　基于纳米金的识别技术

　　纳米 Au 粒子是新型生物识别技术研究中较为常见的探针，这是因为纳米 Au 粒子具有显色和变色功能（见第 1 章），当它与 DNA 等重要的有机化合物结合后，就相当于在这一有机分子上安装了 GPS 定位系统。DNA 分子与纳米金粒子的结合（图 7-19）仍然是通过超分子作用力实现的，如阴阳离子间的静电作用等。为了加强金粒子与 DNA 相互作用的稳定性，可将 DNA 先进行巯基化处理，巯基化通常发生在 DNA 分子戊糖基中的 $3'$ 和 $5'$ 位，巯基中的 S 原子可与 Au 原子形成稳定的结合（有关内容还可见下一章）。

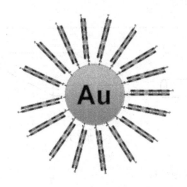

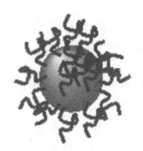

图 7-19　DNA 分子与纳米 Au 粒子的结合　　　　图 7-20　阿瓦斯汀与纳米 Au 粒子的结合

　　阿瓦斯汀（Avastin）是一抗癌新药，已用于临床。由于抗癌药物一般都具有较强的副作用，因此，有关药物剂量的合理控制是较为关键的。如图 7-20 所示，将阿瓦斯汀与纳米 Au 粒子结合后，可以通过动物实验研究该药物在人体内的停留、代谢时间。

新近研究发现了以上所述 DNA/烷基硫醇/纳米 Au 粒子复合体的新用途，它可用作探针去表征其它 DNA 分子的结构，图 7-21 描述了这种新型探针的基本原理，位于该图左端的是 DNA/烷基硫醇/纳米 Au 粒子复合体，DNA 分子链在纳米 Au 粒子表面的分布较为稀疏，该复合体与待测 DNA 分子相互作用后形成一个团聚体，有趣的是，当纳米金粒子在团聚体中的间隔明显大于纳米金粒子自身平均直径时，团聚体显示出的光学效应为红色，反之为蓝色。显然，纳米金粒子的相互间隔距离与待测 DNA 分子链的长短（即图 7-21 中 DNA 分子链的聚合度 n）有关。

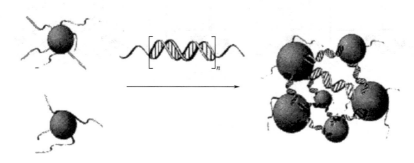

图 7-21　新型 DNA 探针

7.3.2　量子点

量子点（quantumdot）产生的光学效应起因属于本书第 1 章、第 6 章等处已经介绍过的光致发光原理，同时量子点的发光也还有自身的一些特点。量子点有着广阔的应用前景（表 7-1），之所以放在此处讨论，是因为量子点的应用研究起步始于生物，即生物医学是目前量子点应用研究最受关注、最为成功的领域。

表 7-1　量子点应用研究成果实用化时间进程预测

目　　前	未来 5 年左右	未来 10 年左右	未来 20 年左右
生物、医学成像	LED	数据存储	单电子器件
	防伪标识	安全防护	量子计算机
	化学、生物传感器	光源	
	显示器	温度传感器	
	太阳能电池		

图 7-22　纳米材料与电子局限效应

在一般的材料中，电子的波长远远小于材料的几何尺寸，因此量子局限效应（quantum confinement effect）不显著。如图 7-22 所示，如果将某一个维度的尺寸缩到小于一个波长，此时电子只能在另外两个维度所构成的二维空间中自由运动，这样的系统我们称之为量子井；如果我们再将另一个维度的尺寸缩到小于一个波长，则电子只能在一维方向上运动，我们称之为量子线；当三个维度的尺寸都缩到一个波长以下时，就成为量子点了。由此可知，真正的关键尺寸是由电子在材料内费米波长决定的。

量子点是准零维的纳米材料，它由少量的原子所构成。在一般情况下，量子点的三个维度的尺寸都小于 100nm，外观恰似一微小的点状物，由于它的内部电子在各方向上的运动都受到限制，导致量子局限效应特别显著。由于量子局限效应会导致类似原子的不连续电子能级结构，因此量子点又被称为"人造原子"。

如今，人们已经发明许多不同的方法来制备量子点，量子点的种类大致可分为：

（1）单质量子点，如 Au，Pd，Co 等；

（2）化合物或合金量子点，如 CdSe，Ni/Pd 等；

（3）核-壳结构量子点，如 CdSe/ZnSe 等；

（4）掺杂量子点，如将 Eu 掺入 CdSe 中等；

（5）其他复合型量子点，如 CdZnSe，FePt-CdS 等。

量子点的发光原理属于激发光致发光（PL）机制。在图 7-23 中，属于纳米粒子的电子受外界 UV 等光源辐照时离开基态（产生空穴），跃迁至激发态，由于激发态是非稳态，受激电子可回迁至稳定态（回填孔穴），但此时的稳定态不一定是原先的基态，这一回迁过程释放光能，产生可见光。因此，可以这样通俗地理解，产生可见光的电子能级不仅可存在于原子或分子体系（后者涉及分子轨道理论），还可存在于纳米粒子体系。对于同种物质构成的量子点而言，产生荧光的能级差与颗粒大小有关，因此，组成相同但尺寸不同的量子点可产生不同的颜色。

图 7-23　量子点的发光原理

图 7-24 为量子点用于细胞标记的原理，首先应对量子点进行包覆处理，包覆层由高分子膜和细胞亲和分子组成。当量子点与特定细胞结合后，通过显色即可标记出该细胞。同理，量子点还可用于蛋白质等生物体的标记（图 7-25），图 7-25（b）中介绍了标记方法改进研究的进展，此时所使用的量子点为复合型结构，这种核-壳结构的量子点可更加有效地改善发光效果。

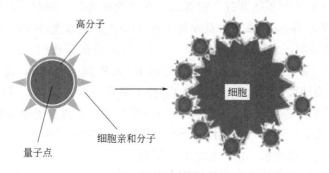

图 7-24　量子点用于细胞标记的原理

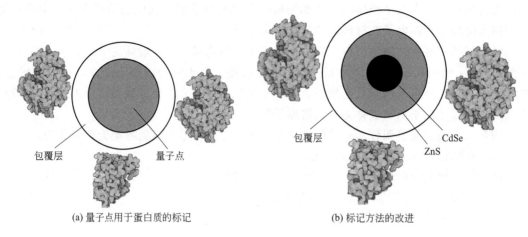

(a) 量子点用于蛋白质的标记　　　　　(b) 标记方法的改进

图 7-25　量子点用于蛋白质的标记及标记方法的改进

7.4　纳米材料生物学研究进展

7.4.1　蛋白质结构形态的改变

　　回顾生命科学、生物化学的发展过程，人们对蛋白质的认识要早于对核酸的认识。但是，历经一百多年后，人们对蛋白质的研究仍热度不减，研究工作是全方位、多角度的，这其中也包括与纳米概念、纳米技术的结合。

　　蛋白质的结合功能可分为蛋白质肽链与其他物质的结合（包括离子、分子和其他肽链等）以及肽链自身结合两大类型，无论是哪一种类型的结合都对蛋白质的性质尤其是生物活性起着至关重要的影响。值得指出的是，蛋白质的结合功能通常都是通过 vander Waals 力、氢键和一些配位键实现的，这实际上与超分子化学有着密切的联系。蛋白质晶体的形成与金属离子在其中的作用密切相关，据统计，约有一半的蛋白质晶体中含有金属离子。近些年来，蛋白质肽链与金属离子配位的深入研究已有较多文献报道。

　　图 7-26 展示了人工改变蛋白质等物质结合形态的一种思想，第一步是在两个螺旋体上设法接入合适的配体，随后引入金属离子（如 Zn^{2+} 等），形成配位结构，从而引起构型改变。

7.4.2　核酸作模板制备纳米材料

　　核酸作模板制备纳米材料是一项有趣的研究工作。例如，可将拥有 10^{14} 个序列的 RNA 分子应用于纳米 Pd 的几何形状调控，制备反应在水相中进行，前驱物与稳定剂的浓度都很低，RNA 的浓度仅为 $1\mu mol \cdot L^{-1}$，前驱物 $Pd_2[DBA]_3$ 的浓度在 $100 \sim 400\mu mol \cdot L^{-1}$ 范围，DBA 为二亚苄基酮，它是电中性配体。由于 RNA 的催化作用，$Pd_2[DBA]_3$ 在室温下即可发生分解反应。结果表明，采用无规序列的 RNA 得到的金属 Pd 粒子尺寸较小，并产生团聚；采用具有周期性序列 RNA 稳定的 Pd 粒子呈现出六方结构。可利用图 7-27 对六方 Pd 晶体微粒的形成机理进行解释，在含有周期性序列 RNA 的分子中可发现具有模板功能的折叠序列，称之为活性序列，它可控制 Pd 晶体的生长方向，使之生长出六方结构，相比之下，其他折叠序列无此模板功能，称之为非活性序列。当然，相关研究的意义还远不止这些，毕竟采用有序结构的核酸分子作稳定剂制备纳米材料是一项高消耗、高成本的工作，从

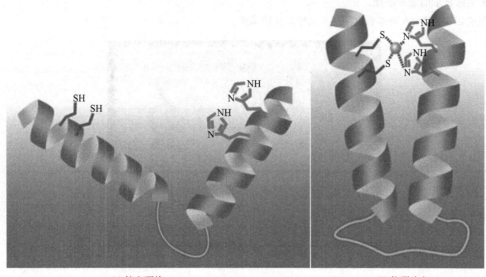

(a) 接入配体　　　　　　　　　　　　　　　(b) 构型改变

图 7-26　人工改变蛋白质结合形态的示意图

上述讨论中可以推断，具有不同几何形状的纳米材料有可能反过来作为探针来研究 RNA 等生物大分子的序列结构，该研究还预测出 RNA 与无机物的作用尚存在许多等待探索的领域。

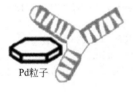

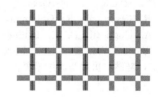

活性序列　　　　　　　　　　　非活性序列

图 7-27　RNA 作模板调控纳米 Pd 粒子的几何形状　　　图 7-28　DNA 组装体模板结构示意图

更令人称奇的是，研究发现，某些 DNA 分子可组装成图 7-28 所示的正方形网状结构，这种奇妙的结构已为 AFM 观察所证实，其中正方形的宽度为 17.6nm。这种 DNA 组装体可作为模板制备其他有序纳米结构、量子点等。

从本章已介绍的内容中可以看出，生物、医学等学科的确与纳米材料、纳米科技有着密切的联系。展望未来，纳米材料生物学的发展还有很大的空间，并有望强有力地推动生命科学的迅猛发展。

思考题与习题

1. 氢键对于地球上生命的存在起着至关重要的作用，举两个例子说明。

2. 生命科学中两种最重要的物质是什么？再说出其中的哪些分支属于纳米机器。

3. 如何理解本章 7.2.1 节中费曼说的“仅 30 个原子就隐藏了不可思议的遗传信息”？

4. 研究动植物表面纳米结构的意义是什么？

5. 通过本章的学习，谈谈对核酸中“核”概念的深入认识。

6. 一些严重威胁人类身体健康的疾病都与病毒有关，除了本章介绍的之外，再举出部分实例。

7. 分析量子点在生物、医学等领域中的应用价值。

8. 分析克隆技术的基本原理。

9. 看图说话：将图 7A 与本教材图 0-5 比较，谈谈感想。

图 7A

参 考 文 献

[1] 汪信，刘孝恒. 纳米材料化学. 北京：化学工业出版社，2006.

[2] 张立德，牟季美. 纳米材料和纳米结构. 北京：科学出版社，2002.

[3] R. Elghanian, J. J. Storhoff, R. C. Mucic, L. L. Robert, C. A. Mirkin. *Science*，1997，277：1078.

[4] M. B. Jr，M. Moronne，P. Gin，S. Weiss，A. P. Alivisatos. *Science*，1998，281：2013.

[5] Y. M. Zheng，X. F. Gao，L. Jiang. *Soft Matter*，2007，3：178.

[6] A. R. Clapp，E. R. Goldman，H，Mattoussi. *Nature Protocols*，2006，1：1258.

[7] L. A. Gugliotti，D. L. Feldheim，B. E. Eaton. *Science*，2004，304：850.

[8] H. Yan，S. H. Park，G. Finkelstein，J. H. Reif，T. H. LaBean. *Science*，2003，301：1882.

[9] 江雷，冯琳. 仿生智能纳米界面材料. 北京：化学工业出版社，2007.

第8章　自组装与超分子结构

　　自组装、超分子结构等概念与超分子化学密切相关。超分子化学作为近代化学的重要分支，近几十年来发展迅速，与此同时，超分子化学与纳米材料研究相互结合，相互促进，共同发展。本章将着重介绍纳米材料研究中涉及的部分无机化合物、有机化合物及高分子类物质的超分子化学。本书前面不少章节已涉及了部分相关内容，比如，各类稳定剂在纳米材料制备中的应用，纳米材料超晶格等。在本章中，将对相关知识加以总结归纳。

　　超分子化学对纳米材料的软化学制备、纳米器件的组装研究都有很大的促进。不仅如此，单纯从审美角度上看，一些超分子结构也给人一种愉悦、深不可测的感觉（图 8-1）。

图 8-1　一种超分子化学结构（图中圆球代表金属离子，其他为有机结构）

8.1　超分子化学

　　21 世纪 60 年代中期，有机化学、配位化学等领域开始了大环配合物［图 8-2(b)］的研究工作，这也被认为是一个新的化学学科——超分子化学诞生的标志。在随后的若干年里，年轻的超分子化学缓慢、平稳地向前发展着，并始终保持着与配位化学的密切联系，但矛盾性的问题也随之出现了。在一般配合物中，配体与金属离子之间的作用是近距离的，通常在 $0.18 \sim 0.25nm$ 之间，这与共价键的键长大致相当；配体与金属离子之间的作用力较强，金属离子与配体中的 O，N，S，Cl 等原子的结合能通常在 $139 \sim 517kJ \cdot mol^{-1}$ 之间，在化学键键能范围内。因此，从这种意义上讲，"超分子"化学的内涵应包括真正意义上的超分子（extramolecular）和内在分子（intramolecular）两方面，如上述配合物中的配体与金属离子之间的作用力应属于同一分子内的作用力。

　　显然，绝对地把超分子化学的实质看成是建立在"非化学键"作用力基础之上的观点至少是不全面的，因为众多的研究早已证明，金属离子与配体形成的结合体 M-L 在大多数情

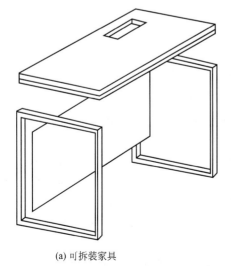

(a) 配体为水分子　　　　(b) 配体为冠醚分子

图 8-2　Na⁺ 的两种配合物

况下是靠典型的化学键维持的，而配位化学的许多方面已融入超分子化学之中。需指出的是，这一概念对许多人来说还是模糊的。

超分子化学发展过程中的一个里程碑是"组装"（assembly）概念的提出，这一概念关注的是众多化学物质在人为控制下的集合，而这种集合多是有序的，它涉及真正的分子之间的相互作用，同时也包括配位化学问题。1987 年，美国和法国科学家因其在该领域的出色工作（冠醚研究）共同获得了诺贝尔化学奖。

综合以上讨论，可以认为超分子化学的内容应包含以下三个方面：

（1）真正意义上的分子间相互作用，指氢键和 vander Waals 力；

（2）配位化学中的相关内容，以配位键为主；

（3）众多彼此相互独立的分子有序性集合，这将在本章中做介绍，主要是分子的组装或自组装问题。

8.2　自组装的概念

科学领域中的自组装（self-assembly）概念是比较抽象的，当你在西方国家的网站检索这一词汇时，常可发现家具广告中出现 self-assembly 一词，如果将消费者在家中进行可拆卸的、非整体式家具的自行组装［图 8-3(a)］比喻为科学中的自组装，尽管这一比喻看似肤浅，但从中也可能悟出一些道理。消费者之所以能在家中进行家具组装，是因为他了解或应用了各个家具构件之间相互结合的关系，而这种结合关系是建立在家具构件几何形状、有关

(a) 可拆装家具　　　　　　　　　　　　(b) 人行天桥的地砖铺设

图 8-3　日常生活中的组装现象

力学原理等基础之上的，科学中的自组装也是要考虑自身待组装构件相互之间的融合问题的，即无非也是要考虑待组装单元的几何形状、相互作用等。科学中的自组装另一特点可通过图 8-3(b) 体现出来，其实组装过程涉及很多方面，如玩具积木的搭建，建筑施工等，从图 8-3(b) 中可以看出，这些建筑单元——人行地砖的拼装呈现出有序性、周期性排列。

因此，可将科学领域的自组装定义为，分子或纳米尺度上的基本单元（分子以及原子团簇等纳米结构）相互之间利用具有选择性或取向性的作用力（主要是超分子作用力）、自身的几何形状等因素，进行拼装、组合，并形成有序结构聚集体的过程。

图 8-4 展示了线形高分子在溶液中构象的变化，当改变一些线形高分子（如蛋白质肽链）溶液的 pH 值、温度、离子强度、溶剂类型等参数时，高分子链就有可能由无序化向有序化发展，其中螺旋结构为较为典型的有序结构之一。其实，这一变化即为自组装过程。如今，有关自组装内容是丰富多彩的，不少自组装因过程神奇而令研究者着迷，以下将先通过两个实例说明。

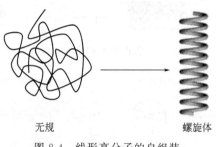

无规　　　　　　螺旋体

图 8-4　线形高分子的自组装

图 8-5 中介绍了一种无机纳米粒子的自组装过程，它也与超晶格的概念有关，即最终获得的组装产物属于超晶格结构。该自组装过程主要分为 3 个阶段：第一步，通过本书第 2 章中介绍的有关化学方法制备无机纳米粒子，由于在制备过程中加入了稳定剂，故所得产物为具有良好分散性的颗粒；第二步，借助于自组装过程形成超晶格结构时，要求纳米粒子大小要十分均匀，故需对第一步中所得纳米粒子进行尺寸筛选，这是能否成功进行自组装的一个关键，筛选可使用二元混合溶剂，它可由极性溶剂（如醇类）和非极性溶剂（如烃类）混合而成，在混合型溶剂中，纳米粒子可产生选择性沉淀；第三步，通过蒸发溶剂实现自组装，最终生成较为理想的超晶格结构。

这里介绍的第二个自组装实例是图 8-6(a) 所示多环圆盘状纳米结构的形成，这种 ZrO_2 多环圆盘状纳米结构自组装条件也是较为复杂的，包括：氧化物种类的选择，ZrO_2 的层结构比其他氧化物具有更好的韧性，弯曲时不易断裂；前驱体及其浓度、反应温度、反应器皿等的选择，涉及热力学、动力学的控制；表面活性剂及其浓度、反应体系 pH 值的选择，这不仅涉及热力学、动力学的控制，还是自组装过程实现的核心条件。在这里，使用的表面活性剂为 SDS，即十二烷基硫酸钠（$C_{12}H_{25}OSO_3Na$）或十二烷基磺酸钠（$C_{12}H_{25}SO_3Na$），组装过程在强酸环境下进行。组装过程中，SDS 扮演着两种模板角色，首先模板 1 为 SDS 的圆盘状胶束，它决定了整个组装体结构中圆心的形成，这也是自组装过程的第一步，组装在水相中进行，圆盘状胶束的亲水基团（—SO_3^-，带负电荷）位于胶束的外围，另一方面，在强酸环境下，ZrO_2 的层结构表面带有正电荷，这样模板 1 与 ZrO_2 层通过静电引力相互结合，进行组装［图 8-6(b)］。随后的组装在模板 2 的导控下进行，模板 2 为双分子结构，两个—SO_3^- 基团位于模板的外侧，此模板 2 是通过两个烃基（$C_{12}H_{25}$—）相互结合实

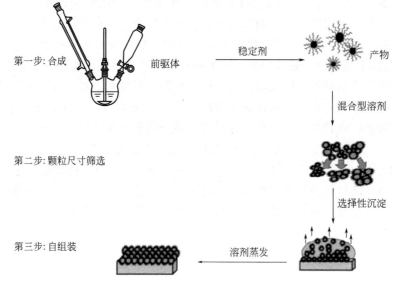

图 8-5　无机纳米粒子的自组装

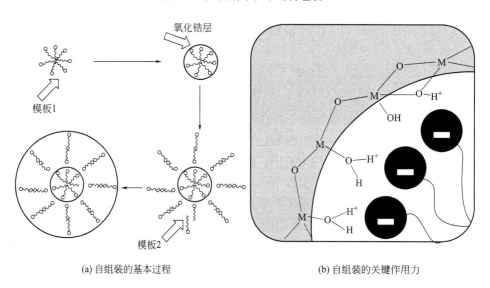

(a) 自组装的基本过程　　　　　　　　(b) 自组装的关键作用力

图 8-6　多环圆盘状纳米结构的形成示意图

现的。研究表明，最终一个 ZrO_2 纳米盘可形成十多层 [图 8-7(a)] 至数十层的组装结构。如图 8-7(a) 中箭头指向所示，早期的组装体可称为"胚胎"（embryo），其直径约 20nm，共有 3 层，见示意图 [图 8-7(b)]。它的半径 $D_{1/2}$ 可以用下面的公式进行估算：

$$D_{1/2}=\alpha+2\beta+3\gamma=10nm$$

这里，SDS 胶束（模板 1）的半径相当于一个 SDS 分子的长度，用 α 来代表，约为 2.2nm；β 相当于盘的层间距，即为模板 2 的长度，约为 3.3nm；γ 则是 ZrO_2 层的厚度，约为 0.4nm。

就图 8-7(a) 中这种同心多环圆盘状纳米结构以及其他一些自组装结构而言，时常相像于一些团体操表演中的图案（图 8-8），因此，是否可以把自组装称为分子尺度上的团体操呢？

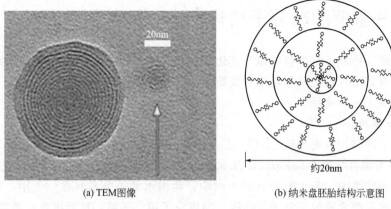

(a) TEM图像　　　　　　　　　　(b) 纳米盘胚胎结构示意图

图 8-7　多环圆盘状纳米结构

图 8-8　2008 北京奥运会开幕式文艺表演

　　本小节最后还需要指出的是，如今人们在使用表面活性剂作模板进行自组装研究时，可能自觉或不自觉地利用了仿生概念。比如，自组装中的双分子表面活性剂模板结构（图 8-6 和图 8-7）在自然界早已存在，如图 8-9（a）所示，层状脂肪结构可看成是由众多的脂肪分子组装而成的，一些脂肪分子具有表面活性剂的结构，在图 8-9（b）中，亲水基团为磷酸结构，它所连接的为油酰基双链。

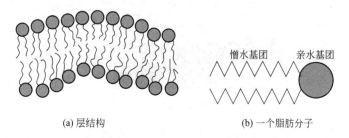

(a) 层结构　　　　　　　　　　　(b) 一个脂肪分子

图 8-9　层状脂肪结构示意图

8.3　一些重要的超分子结构

　　下面将介绍一些基于自组装和超分子化学概念的纳米材料或纳米结构。这些研究的意义在于，它不仅开拓出材料化学等基础研究新的空间，而且还为未来电子、能源、生物医学等器件的研制提供了新的途径。

8.3.1　单分子薄膜

　　谈到单分子薄膜，首先当属 LB 膜（Langmuir Blodgett film），这一制膜技术是 20 世纪 20～30 年代由美国科学家 I. Langmuir 及 K. Blodgett 发明的。以图 8-10 中脂肪酸单分子薄膜为例，在制备体系中，亲水的羧基嵌入水中，而憎水的烃基暴露在空气中，即在空气-水界面上形成了有序而紧密的单分子层结构，即形成了单分子膜，然后可将此薄膜转移到其他基片上。图 8-11 中介绍了一种常见的空气-水界面薄膜转移方法，将亲油性基片平行接触水面，利用其亲和力把图 8-10 所示脂肪酸分子单分子膜转移至基片，并完好保存了原有脂肪酸分子排列的有序性。

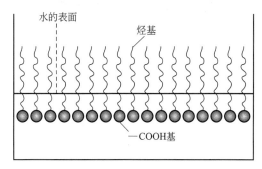

图 8-10　脂肪酸分子在空气-水界面上的定向排列

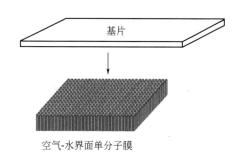

图 8-11　空气-水界面上单分子膜的转移

　　在纳米材料研究领域，这种单分子膜的研究又延伸到其他类型的界面。如图 8-12 所示，含有硫醇结构的有机分子可与 Au，Ag，Pt 等金属原子结合，形成稳定的组装体。这是因为其中巯基上的硫原子可与许多过渡金属原子（或离子）形成较为稳定的配位键。实际上，这并不是纳米材料研究中的新发现，人们早就发现二巯基丙醇可与这些金属原子、离子形成稳定的配位键，已用于人体重金属中毒的排毒、解毒制剂。

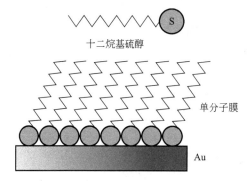

图 8-12　十二烷基硫醇在 Au 表面的组装

　　图 8-13 进一步描述了十二烷基硫醇单分子膜的组装过程，表明十二烷基硫醇在金的表面上密度是逐渐增加的，随着十二烷基硫醇分子的密度增加，硫醇分子与金表面的夹角逐渐

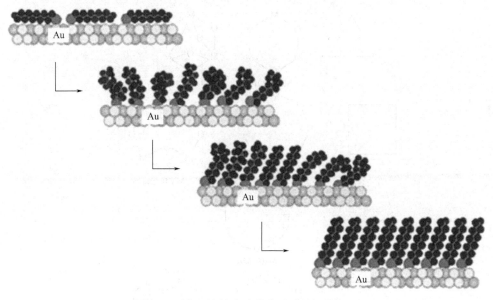

图 8-13　十二烷基硫醇单分子膜的组装过程

向垂直角度过渡，以期达到能量最低的稳定状态。

8.3.2　金属有机化合物和配合物

金属有机化合物和配合物如今都与纳米材料或纳米结构产生了联系，这里将分别讨论。

一些金属有机化合物几何结构的模式如图 8-14 所示，从该图中可以看出，每一种具有二维或三维特定几何形状的有机金属化合物分子也包含多个金属离子或原子，这些金属离子或原子之间依靠氧桥键相互连接。这类有机金属化合物分子基本组成的通式可用 $M_x(\mu\text{-}O)_y$ 表示，式中 M 表示金属原子（离子），μ-O 表示桥氧原子，x 和 y 分别代表着这两种原子（离子）的个数。图 8-14 给出了这类分子平面或立体的结构示意图，用以表示其几何形状特征，从该图中可以看出，有机金属化合物分子的常见几何形状由 4 种平面结构和 4 种立体结构组成，当然，相关化合物真实的几何形状与之还有一定差异，详见以下讨论。实际上，金属离子或原子一般都还要与另一些有机基团相连接，体现出有机金属化合物分子的结构特征。

以正方形有机金属化合物的研究为例，X 射线衍射分析表明，图 8-15 中所推测的结构基本上是成立的。比如，该分子中的骨架结构 Sn—O—W 近似于线性结构，纵向的键角为 178°。

在配位化合物方面，有观点认为，可在结构相对简单的配位化合物的基础上，将之进一步组装成更为复杂、并具有纳米结构的配合物，即纳米配合物材料。这一类配合物的特点是，单个分子的分子量可高达数千，但它又不同于普通的大分子，这种配合物分子不仅自身的整体尺寸在纳米尺度范围内，而且一般都具有规则的几何构形。

图 8-16 总结和归纳了具有三角形、矩形等多边形配合物的设计模式，这些配合物组装设计的基本构思是，充分利用原先简单配合物中已有的几何构型，引入其他配体竞争配位。例如，图 8-17 中介绍的取代配位法，将一种铂的配合物与丁烯二酸钠或者是对苯二甲酸钠混合，制备出长方形配合物。在图 8-17 中，原始配合物中一个中心离子仅与一个 NO_3^- 配位，NO_3^- 被取代配位后，生成长方形目标产物。

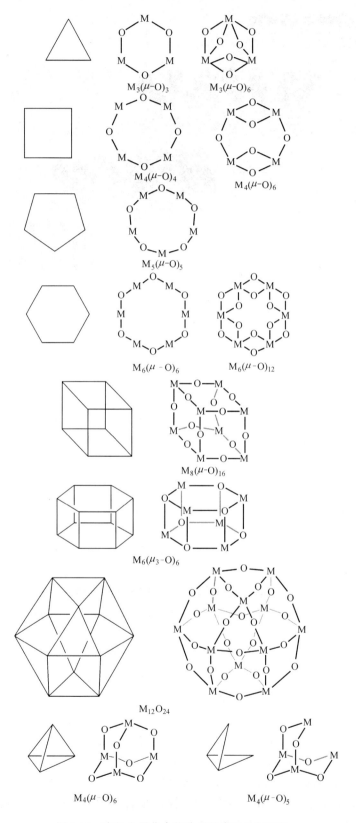

图 8-14　有机金属化合物分子的常见几何形状

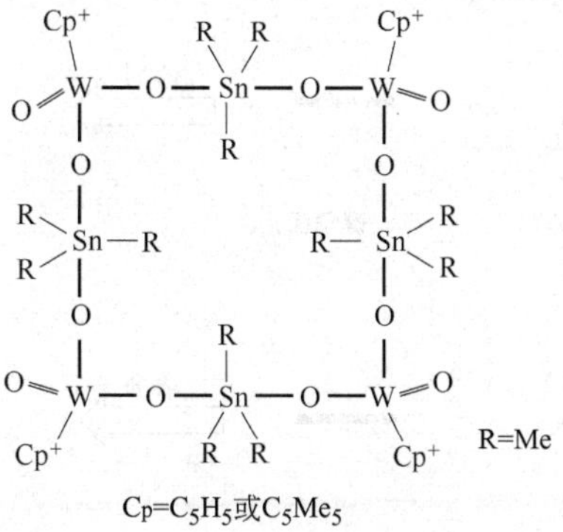

图 8-15　正方形有机金属化合物

金属有机化合物还有更为复杂的三维结构，比如，在第 3 章中已经介绍过的 POSS 结构 [图 8-18(a)]；图 8-18(b) 则为以 12 个 Sn 原子（图中最大球）为骨架构成的锡笼，图中的中、小球分别为 S 原子和 O 原子。

具有纳米结构的配合物组装研究也已由平面向立体方向发展，从而派生出了新的具有三维结构的纳米粒子，其特点是一个配合物分子构成一个纳米粒子。如图 8-19 所示的方法制备具有立方结构的配合物，所用起始配合物由 3 种配体构成，中心离子是 $Ru(II)$，其中两种配体——Cl^- 和二甲基亚砜（DMSO）与 $Ru(II)$ 所形成的 3 个配位键相互之间基本成 $90°$ 的键角关系，这 3 个配位键并不稳定，可被骨架配体——联二吡啶中的 N 原子取代配位，组装成具有立方体结构的目标产物。值得一提的是，该反应时间长达近一个月，AgOTf 也是一种反应物（三氟甲基磺酸银），其中 Ag^+ 与 Cl^- 结合生成难溶的 AgCl，这将有利于平衡向生成物方向移动。

富勒烯结构（见第 9 章）是建立在 C_{60} 基础之上的，并由此诞生了新兴的碳材料化学。近些年来，国内外科技工作者开展了具有富勒烯结构的配合物合成研究并取得成功。如图 8-20 所示，这种由 Cu，Cl，Fe，P，C，H 等原子构成的配合物具有复杂结构，该配合物主体结构为网状球形（为了方便观察，仅画出局部），而这主体结构又是由 P 原子和 Cu 原子构成的，其中 5 个 P 原子构成一个五边形（共 12 个），4 个 P 原子和 2 个 Cu 原子构成一个六边形（共 20 个），从而形成了与 C_{60} 相同的结构，它的直径是 C_{60} 的 3 倍。

对于上述各种具有纳米结构特征的金属有机化合物和配合物而言，主要研究手段依靠元素分析、单晶 X 射线衍射、质谱以及 IR 和 NMR 等技术，其结构的全面解析工作量很大，得到的结构数据信息量大，内容丰富，可信度高，在此基础上推测出组装配合物的几何构形。采用更直观的 SEM，TEM 等电子显微技术尚属少见，最近，国内科学家采用 STM 技术已成功地观察到一些配合物几何形状的清晰图像。

8.3.3　有机物

如本章开头所述，超分子化学的早期研究在很大程度上是依托于有机化学的，这其中冠醚 [图 8-21(a)] 的研究占了很大比例。超分子化学近期的研究已有很大的扩展，仅在配合物新配体的选择上，就有不少报道，如图 8-21(b) 所示的配体，它可通过 N 原子的配位功能将金属离子固定在配体环的中央。不仅如此，以有机物为基础的自组装等超分子化学内容是相当丰富的。

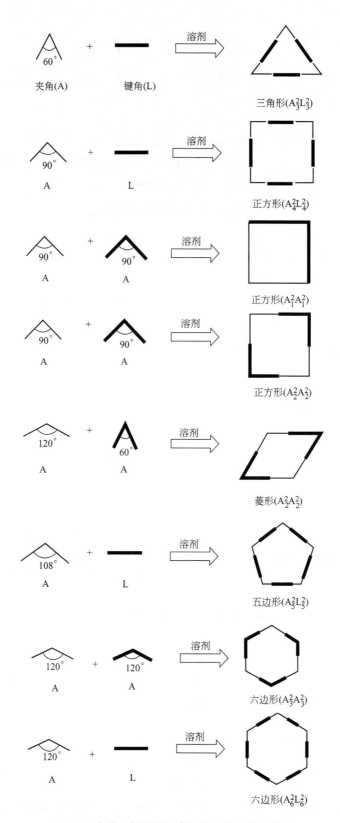

图 8-16　各类几何形状配合物的组装过程示意图

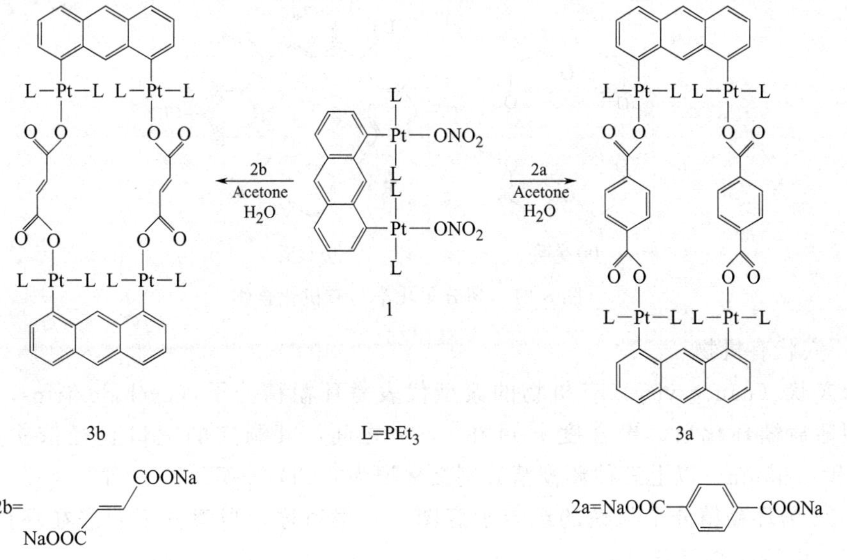

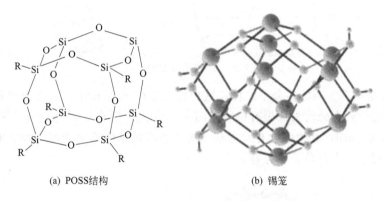

图 8-17　长方形配合物的组装

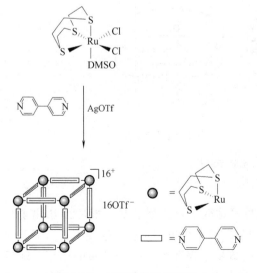

(a) POSS结构　　　　　　　(b) 锡笼

图 8-18　三维结构示意图

图 8-19　立方配合物的组装

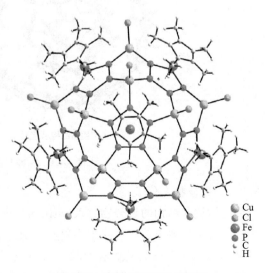

图 8-20　配合物的富勒烯结构

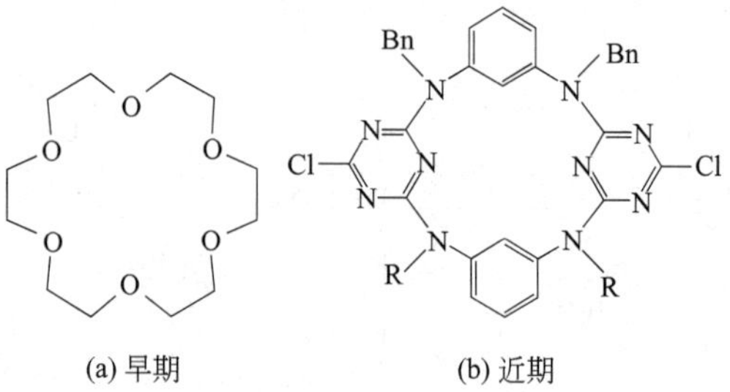

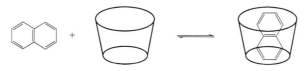

(a) 早期　　　　　　　　　　(b) 近期

图 8-21　超分子化学与有机化合物

8.3.3.1　穴状有机物

纳米穴状 (nanocavity) 有机物的典型代表是环糊精分子 (cyclodextrins, 简称 CD), 如吡喃型葡萄糖环化后, 聚合度 n 可在 $5\sim7$ 之间, 其洞穴的宽口直径依次为 0.57nm, 0.85nm 和 0.95nm, 以上三种环糊精分别被标记为 α-CD, β-CD 和 γ-CD。

图 8-22 为环糊精分子与萘的组装示意图, 有报道称, 当萘分子镶嵌在环糊精杯内时, 组装体可产生特殊的荧光现象。

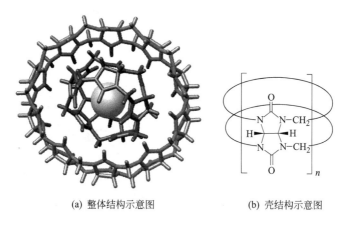

图 8-22　环糊精与萘的组装

图 8-23 也是一种复杂的超分子结构, 这种特殊的核-壳结构由一核双壳组成。该结构中的核为 Cl^-, 它的两个壳均为低聚有机物 [图 8-23(b)], 聚合度 n 分别为 5 和 10, 此低聚物被称为 cucurbit uril, 意为由含有双脲基结构、葫芦状单体构成的低聚物。有关该超分子结构的进一步讨论见本章最后思考题。

(a) 整体结构示意图　　　　　　(b) 壳结构示意图

图 8-23　一种复杂的超分子结构

8.3.3.2　树枝状大分子

具有树枝状结构的聚合物 (dendrimer) 分子量可达数千, 甚至上万, 图 8-24 给出了一个实例, 图中反映出该树枝状聚合物在合成过程中呈现裂变增殖性生长, 这种生长所需的原始母体是 3,4,5-三烷氧基苯甲酸, 它类似于物质结晶过程开始时一个晶核的作用。随后发生第一轮反应: 3,4,5-三烷氧基苯甲酸中的 3 个烃基 R 被 3,4,5-三烷氧基苄基所取代。第二轮取代反应的实质与第一轮取代相同，但取代部位由第一轮中的 3 个增加到 9 个，而第三轮取代反应的部位增加至 27 个，此时由于空间位阻关系，聚合物的几何形状向圆形方向发展，如图 8-25 所示。可将这种大分子归纳至纳米结构有机物之中，随着时间的推移，这一观点已被越来越多的化学工作者所接受。

图 8-24　树枝状结构

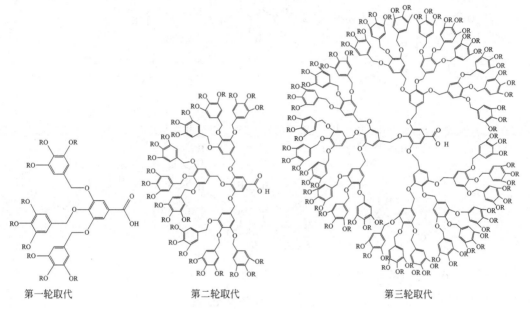

第一轮取代　　　　　　第二轮取代　　　　　　　　第三轮取代

图 8-25　圆形有机物的合成过程示意图（R＝—C₁₂H₂₅）

8.3.3.3　有机物小分子的自组装

有机物小分子自组装的研究工作表明，以有机小分子为基础，可通过超分子作用力自组装成有机纳米管，图 8-26 至图 8-28 是一实例。图 8-26 为一种具有代表性纳米管组装体的基本单元，其中阳离子部分由杂环结构和苯并 18-冠-6 醚构成，6 个阳离子基本单元可在同一平面组装成玫瑰花形结构（图 8-27），阳离子中的杂环结构通过氢键相互结合形成圆环，冠

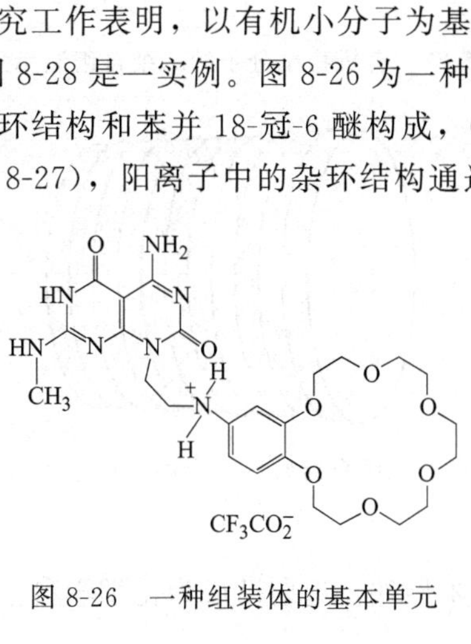

图 8-26　一种组装体的基本单元

醚结构分布于圆环的外侧，这种圆环结构的直径约为 4nm，这种组装体的形成可通过 ^1H NMR 谱验证。玫瑰花形结构还可进一步实施立体组装，即若干圆环再叠加在一起，堆积成圆柱体，就像如图 8-28 所示的圈形饼干的堆积、排列。当圆柱体不断延长时，得到的是具有空心结构的管状纳米线，利用 TEM 可观测到有关结构。

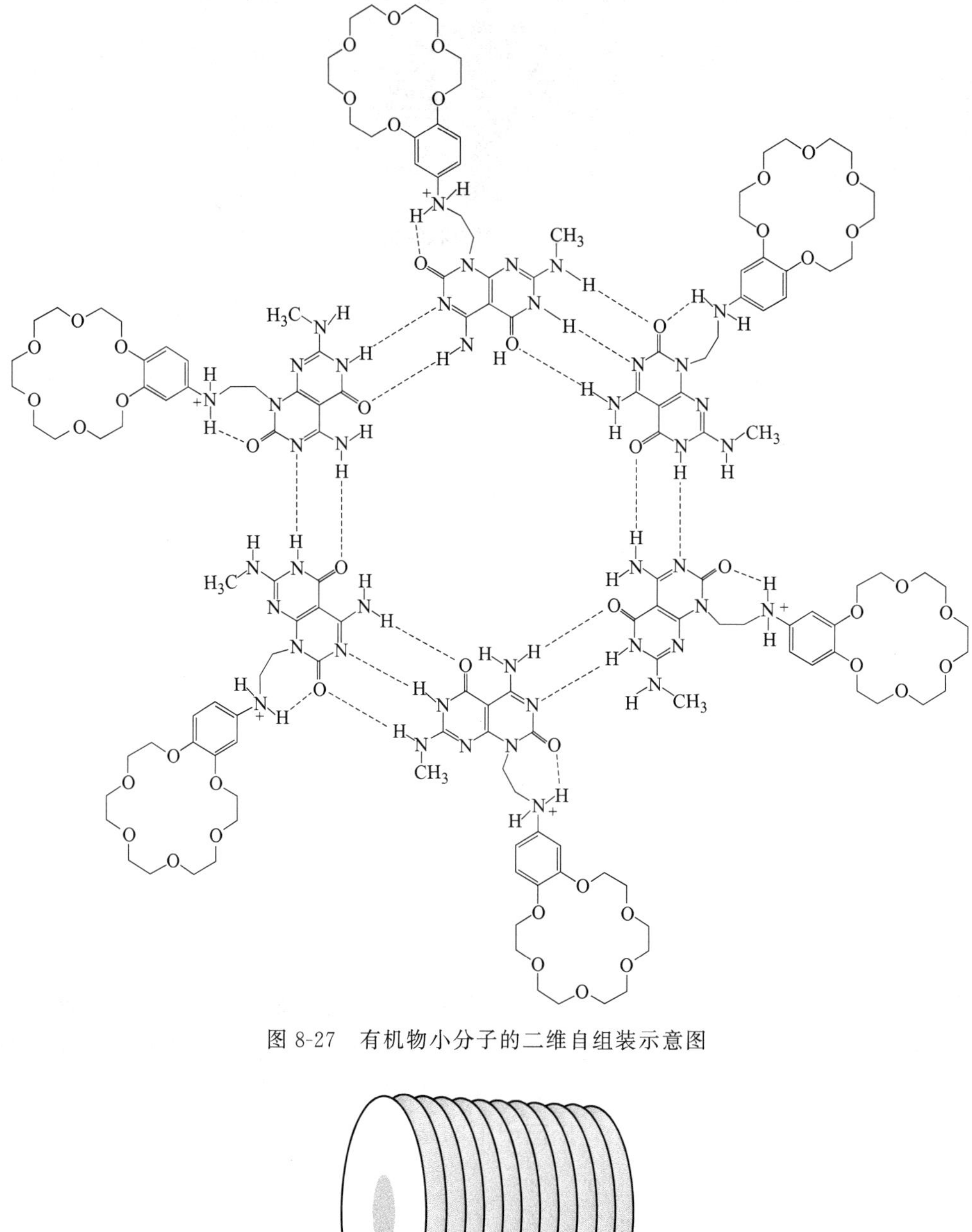

图 8-27　有机物小分子的二维自组装示意图

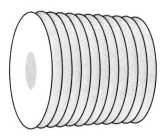

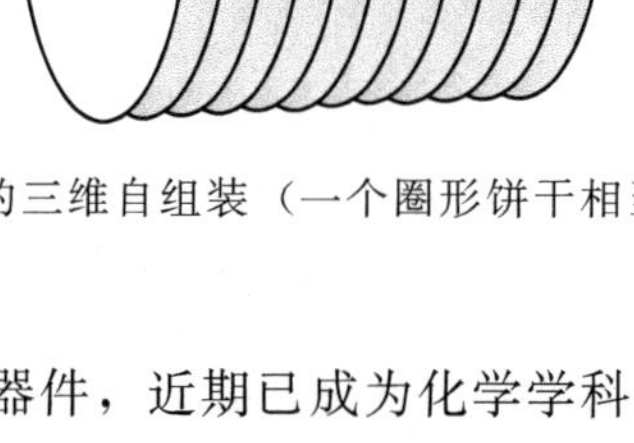

图 8-28　有机物小分子的三维自组装（一个圈形饼干相当于一个玫瑰花形圆环）

8.3.3.4　分子开关

分子开关是一类重要的纳米器件，近期已成为化学学科中的一个研究热点，并且发展迅速，现已形成多个分支。采用有机化学手段研究分子开关的一种思路是，运用有机化学中的一些可逆互变反应（如互变异构）将可逆反应等式两端的 A 与 B 分别代表该纳米器件的"开"与"关"，同时也代表计算机科学中二进位制的"0"和"1"。因此许多分子开关的研究与纳米存储器件的研究也是密切相关的。

$$A \underset{\lambda_4}{\overset{\lambda_1}{\rightleftharpoons}} B$$

被应用于分子开关设计的有机物一般为多环和稠环结构，此类有机物含有大 π 共轭体系，因而具有良好的吸收可见光和紫外光（UV-Vis）的功能，部分有机物自身颜色随辐照光的波长变化而变化，灵敏度较高，故可采用波长在 800～200nm 范围的 Vis-UV 光谱技术进行相关研究。

图 8-29 中的有机物在 300nm 波长的光辐照下产生了闭环反应，而在可见光的照射下又可以将此环重新打开，恢复原状，这也恰巧形象地代表了分子开关的"关"与"开"。图 8-29 中两种有机物的结构可通过圆二色性（CD）光谱技术进一步分析，结果列入图 8-30 中。

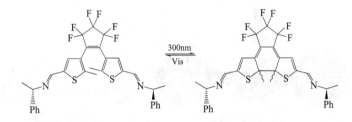

图 8-29　分子开关的"关"与"开"

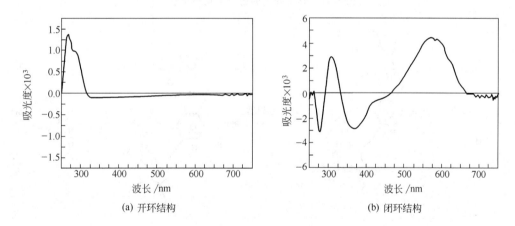

(a) 开环结构　　　　　　　　　(b) 闭环结构

图 8-30　分子开关圆二色性光谱分析

从图 8-30 中可以看出，图 8-29 中的开环结构在 275nm 处有一吸收峰，而闭环结构在 325nm 和 575nm 处各有一吸收峰，并且吸收峰的强度都大于开环结构在 275nm 处的峰强度，这可以从上述两种有机物结构上的差异进行分析。当闭环结构形成后，该有机物中原有的大 π 共轭体系长度并没有变化，即从一端的苯环 Ph（包括苯环）开始到另一端的苯环（包括苯环）结束，但在闭环结构中形成了更加稳定的含有三元稠环的大 π 共轭体系，导致 π 电子云的共平面性得以加强。

随着分子开关研究的不断深入，超分子化学也被引入至该领域。事实证明，超分子化学有力地推动了分子开关等分子器件的研究工作，以下是相关内容。

　　图 8-31 中介绍了另一类更为有趣的分子开关，它是建立在有机合成以及超分子化学自组装基础之上的，图 8-31(a) 为组装的基本原理示意图，图 8-31(b) 为其工作原理，即通过改变某些物理、化学条件，去实现组装体中分子环在分子轴上的滑动，并在两个可区分的位置上得以固定，图 8-32 是一具体实例。

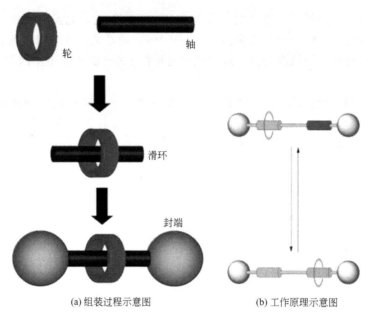

轮　　　　轴

滑环

封端

(a) 组装过程示意图　　　　　　　(b) 工作原理示意图

图 8-31　分子开关的超分子化学组装

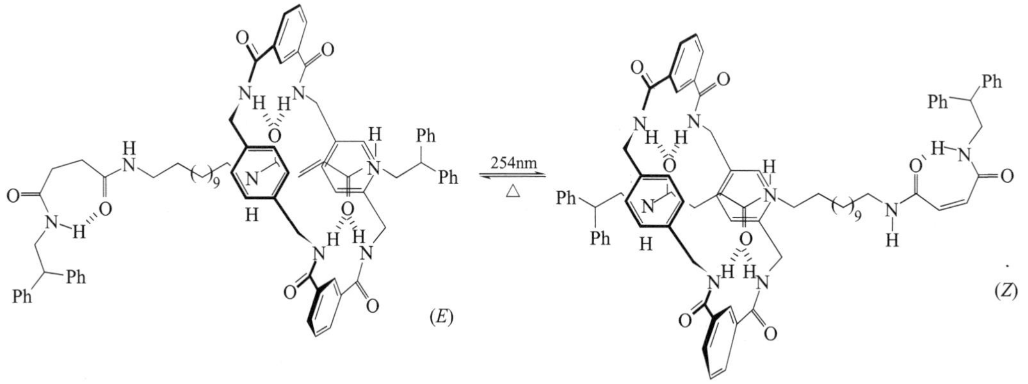

图 8-32　分子开关组装体的两种结合状态

　　分子环在分子轴上的滑动常为热力学控制过程，如图 8-32 中由（Z）态向（E）态的转化，需要在 120℃下加热数天，而它的逆过程的实现在 254nm 紫外光的照射下仅需 30min。这种分子开关的两种组装状态可通过 ^{1}H NMR 谱验证。有关该超分子结构的进一步讨论见本章最后的思考题。

8.3.3.5　高分子的自组装

　　高分子的自组装除了涉及蛋白质等天然大分子外，人工合成大分子的自组装问题也是令人感兴趣的。

例如，国内学者研究了高分子囊状物的自组装问题，图 8-33 中的圆环为该囊状物结构示意图。该圆环中每一个基本单元的两端为硬脂酸（SA）分子，中间为高分子 PEI，从图 8-33 中可以看出，PEI 含有聚醚和聚酰亚胺成分，两个端基为氨基，它们与硬脂酸中的羧基发生中和反应并相互结合。另一方面，端基带有一个羧基的聚苯乙烯（CPS）与 PEI 可形成胶束，CPS 分子位于胶束外层，PEI 分子位于胶束的核心位置，当向该胶束体系中加入硬脂酸时，胶束解体，形成 PEI/SA 囊状组装体。上述过程均发生在氯仿/环己烷混合溶剂中，体积比为 1∶1。

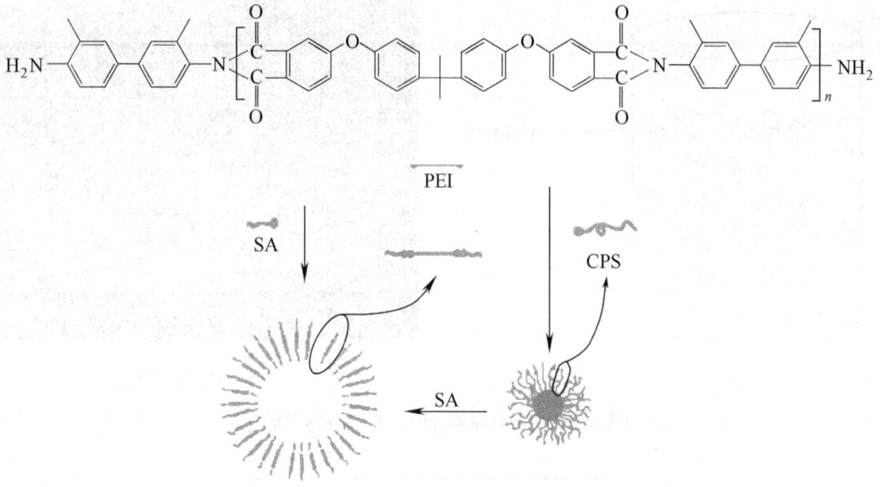

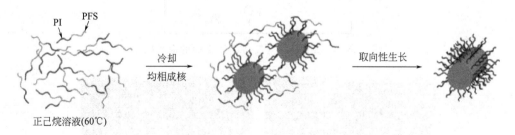

图 8-33　一种高分子囊状物的形成

嵌段共聚物的自组装是高分子自组装研究中的一个核心问题。图 8-34 为一实例，该研究中采用二元嵌段共聚物 PFS-PI 作原料，其中 PFS 为聚二茂铁基硅烷，PI 为聚异戊二烯。如图所示，该嵌段共聚物的正己烷溶液冷却时，由于 PFS 片段与正己烷的结合力较差，PFS 片段彼此团聚在一起并产生结晶，首先形成晶核，晶核再长成圆盘状，圆盘周围包裹有亲油的 PI 片段，随后进行的取向性生长，使组装体成为纳米线。

图 8-34　嵌段共聚物的自组装

8.3.4　其他

除了上述 LB 单分子膜之外，建立在自组装基础之上的空气-水界面薄膜研究还有其他一些发展。图 8-35（b）为 ZrO_2 空气-水界面薄膜 SEM 的图像，可以看出它是由很多纳米圆盘构成的。图 8-36 为 ZrO_2 等金属氧化物空气-水界面薄膜的形成机理，关键步骤是，使用表面活性剂 SDS，胶原蛋白（或其他蛋白质）和锆酰离子［由 $Zr(OBut)_4$ 控制性水解生成］在水溶液中共同组装成纳米盘，由于该纳米盘密度小于水溶液，它可以边生长、边上升，直至空气-水界面并逐步累积形成薄膜。图 8-36 中"蝌蚪"的形成是一个有趣的现象（"蝌蚪"见本书第 3 章图 3-20），它与流体力学有关。纳米盘的组装原理在本章前半部分已做了介绍，结合图 8-7(a) 和图 8-37(a)，可以看到 ZrO_2 纳米盘从"胚胎"发育到生长成熟的过程，在图 8-37(a) 中纳米盘的右侧还可看到"尾巴"折断的痕迹，折断过程可能产生于圆盘上升到空气-水界面时的突然倒伏。另外，从图 8-37(b) 中可以看出，由于层状结构的存在，导致 ZrO_2 纳米盘密度较小，可上浮。

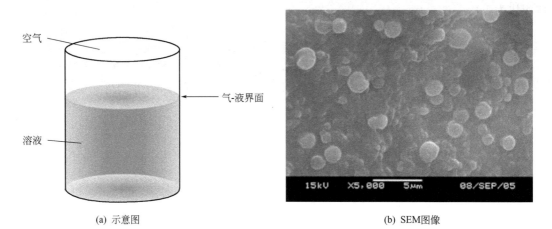

(a) 示意图　　　　　　　　　　　　　　(b) SEM图像

图 8-35　金属氧化物空气-水界面薄膜

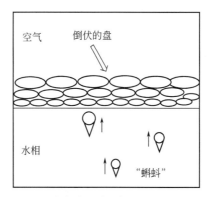

图 8-36　金属氧化物空气-水界面薄膜的形成机理

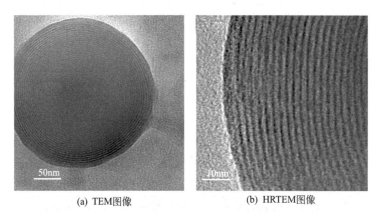

(a) TEM图像　　　　　　　　　　　　(b) HRTEM图像

图 8-37　ZrO_2 纳米盘

在涉及无机化合物的自组装研究报道中，一个突出的工作是介孔结构氧化物的制备。可以从图 8-38 所示组装机理中看出，一些功能性助剂预先自组装成模板，如形成表面活性剂分子胶束及液晶结构等，随后该模板继续与无机前驱物（如 MX₄）组装成介孔氧化物/模板，最后通过溶解、化学反应（如热处理）等手段去除模板，得到目标产物（图 8-39）。

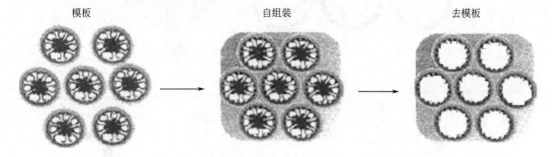

图 8-38　介孔材料的制备原理

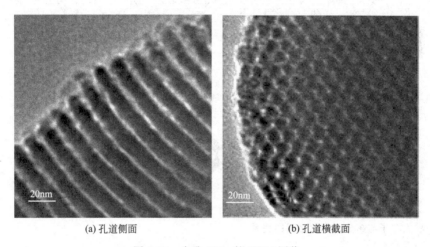

(a) 孔道侧面　　　　　　　(b) 孔道横截面

图 8-39　介孔 SiO₂ 的 TEM 图像

从本章和前面章节的有关内容中可以看出，超分子化学的众多内容已经自然融入纳米材料的研究领域，超分子化学已在纳米材料研究的初级和中、高级阶段得以广泛应用。所谓的初级阶段是指纳米粉体、薄膜的制备工作，所涉及的纳米粒子的稳定几乎都是依靠超分子作用力实现的；在进入纳米器件、纳米机器研制的中、高级阶段，自组装技术往往是不可替代的甚至是一个决定性的环节。

思考题与习题

1. 如何确认纳米材料中的有序结构？
2. 利用与图 8-7 中"胚胎"有关的半径计算公式，估算组装到 20 层时的圆盘半径。
3. 为什么图 8-7 中"胚胎"圆心的层状结构不稳定，呈断裂状？
4. 由图 8A 中奥运五环和中国结的图案联想超分子化学以及自组装的有关概念，利用超分子化学能否实现奥运五环这种图案的组装？
5. 试推断图 8-23 中 Cl⁻ 是如何引入的？整个超分子结构又是如何形成的？
6. 根据图 8-31(a) 分析图 8-32 中组装体的轴、环和封端基团的分子结构，以及它们之间的相互作用。
7. 分析连体正方形配合物（图 8B）的组装过程。

图 8A

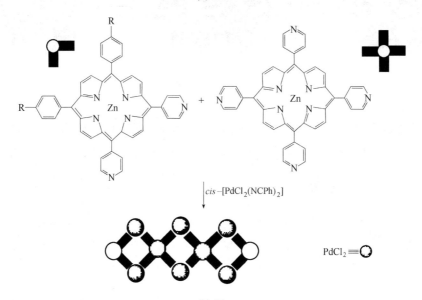

图 8B

8. 谈谈树枝状大分子与超分子化学之间的关系。

9. 如何表征介孔材料?

参 考 文 献

[1] B. Hasenknopf, J. M. Lehn, B. O. Kneisel, G. Baum, D. Fenske. *Angew. Chem. Int. Ed.*, 1996, 35: 1838.

[2] 汪信, 刘孝恒. 纳米材料化学: 北京: 化学工业出版社, 2006.

[3] H. Yang, N. Coombs, I. Sokolov, G. A. Ozin. *Nature*, 1996, 381: 589.

[4] X. H. Liu, C. Kan, X. Wang, X. J. Yang, L. D. Lu. *J. Am. Chem. Soc.*, 2006, 128: 430.

[5] A. Altieri, G. Bottari, F. Dehez, D. A. Leigh, J. K. Y. Wong, F. Zerbetto. *Angew. Chem.*, 2003, 115: 2398.

[6] D. A. Leigh, F. Zerbetto, E. R. Kay. *Angew. Chem. Int. Ed.*, 2007, 46: 72.

[7] J. F. Bai, A. V. Virovets, M. Scheer. *Science*, 2003, 300: 781.

[8] A. I. Day, R. J. Blanch, A. P. Arnold, S. Lorenzo, G. R. Lewis, I. Dance. *Angew. Chem. Int. Ed.*, 2002, 41: 275.

[9] Q. Q. Wang, D. X. Wang, H. W. Ma, M. X. Wang. *Org. Lett.*, 2006, 8: 5967.

[10] M. C. Daniel, D. Astruc. *Chem. Rev.*, 2004, 104: 293.

[11] G. J. A. A. Soler-Lllia, C. Sanchez, B. Lebeau, J. Patarin. *Chem. Rev.*, 2002, 102: 4093.

[12] X. S. Wang, G. Guerin, H. Wang, Y. S. Wang, I. Manners, M. A. Winnik. *Science.*, 2007, 317: 644.

[13] 江雷, 冯琳. 仿生智能纳米界面材料. 北京: 化学工业出版社, 2007.

第9章　重要的纳米材料

本书前面的章节已陆续介绍了部分重要的纳米材料，如磁性纳米材料、量子点等。在本章中，将进一步较为系统、全面地归纳这方面的内容。实际上，在过去30年左右的时间里，这些重要的纳米材料不断涌现，已充分映衬出整个纳米材料研究的发展轨迹。20世纪80年代初，德国科学家在金属纳米材料制备的研究中取得突破（见本书第2章），较为成功地解决了强度大、韧性好、易氧化的金属材料纳米化问题；随后不久，C_{60}等富勒烯结构的发现更是为纳米材料这一新兴学科的诞生打下了坚实的基础；进入20世纪90年代，纳米材料研究体系已正式形成，对纳米材料的关注逐步扩大到更大领域，比如，从90年代初期的TiO_2，SiO_2等人们早已熟知的无机氧化物，到90年代中后期CdSe这样的过去人们不太注意的无机化合物，都已成功制备出相应的纳米材料；与此同时，对纳米材料的关注也从无机物向有机物转化，如普遍受重视的自组装、导电高分子等。进入21世纪，在金属材料、无机非金属材料、高分子材料、复合材料等材料科学研究领域，对各类重要纳米材料的研究已基本上是齐头并进，不分伯仲。

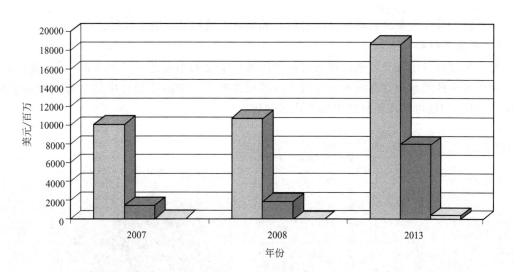

图 9-1　纳米材料在纳米科技领域中的位置

（每一年度市场销售额，自左到右依次统计：纳米材料、

纳米科技研究工具和纳米器件）

从图9-1中可以看出，近期在纳米科技领域，纳米材料仍占有第一重要的位置。根据西方BCC研究机构的统计分析，纳米材料在全球纳米科技市场中将继续占有很大的销售份额，远超出纳米科技研究工具、纳米器件等。

另一方面，在纳米材料的制备研究中，人们仍在绞尽脑汁，挖空心思，去探寻新的纳米材料（如图9-2），比如已成功制备 Sb_2Te_3，$CuInSe_2$，$CrSi_2$ 等纳米材料。在本章中，将主要介绍一些重要的、被普遍关注的和已经形成商品出售的纳米材料。

图 9-2　丰富多彩的纳米材料制备

9.1　单质

这里将主要介绍非金属单质（碳材料）和金属单质构成的纳米材料。

9.1.1　碳纳米材料

纳米碳材料既年轻又古老。作为古代中国灿烂文化的书画艺术［图 9-3(a)］，现已证实当时所用的一些颜料中含有纳米、亚微米级的超细粒子，如所用墨汁中就含有超细碳颗粒，在图 9-3(b) 中还可发现碳材料常见的孔状结构。

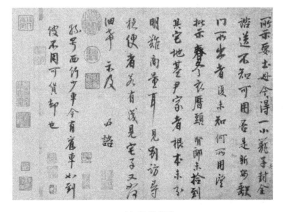

(a) 宋代书法

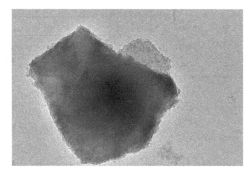

(b) 作为墨汁添加剂的碳纳米材料TEM图像

图 9-3　古代中国文化中的纳米元素

目前，碳纳米材料包括 C_{60}、碳纳米管、石墨烯以及介孔碳材料、复合材料等，这里将主要介绍 C_{60}、碳纳米管、石墨烯这 3 类十分重要的碳纳米材料。

9.1.1.1　C_{60}

碳元素是自然界最普遍的元素之一，其特有的成键轨道可形成丰富的碳家族。在过去相当长的一段时间里，人们一直以为自然界只有三种碳的同素异形体：金刚石，石墨，无定形

碳。直到 Kroto 等人发现幻数为 60 的笼状 C_{60} 分子，人们的这
一观念才得以改变。

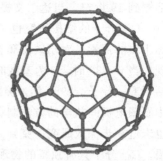

图 9-4 为 C_{60} 分子的结构示意图，其 60 个碳原子分别位于
由 20 个六边形环和 12 个五边形环组成的足球状多面体的顶点
上。C_{60} 分子的立体几何结构解析将利用到以下公式：

$$V+F-E=2$$

这个公式叫欧拉公式，它描述了一些多面体顶点数 V、面
数 F 以及棱数 E 之间特有的规律。

图 9-4　C_{60} 分子的结构示意图

图 9-5 中列出了一些常见多面体，每一种多面体的这 3 个
参数间的关系均符合欧拉公式。如正八面体中，$F=8$，$E=12$，则 $V=6$，故正八面体常存
在于 6 配位的晶体结构中。

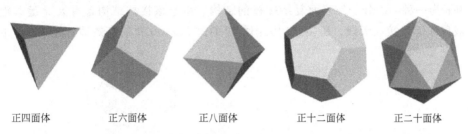

| 正四面体 | 正六面体 | 正八面体 | 正十二面体 | 正二十面体 |

图 9-5　常见多面体

但是，对于 $V=60$ 的 C_{60} 分子，要解析 F 和 E 值是很困难的。但 Kroto 等人由于受美
国著名建筑学家富勒（R. Buckminster Fuller）设计的 1967 年加拿大蒙特利尔世博会美国
馆框架结构 ［图 9-6(a)］ 以及足球的多面体结构的启发，成功地提出了图 9-4 所示 C_{60} 分子
的结构。

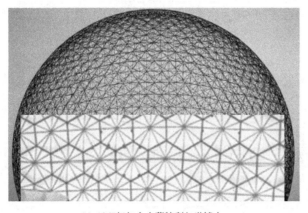

(a) 1967年加拿大蒙特利尔世博会　　　　　　　(b) 有关富勒的纪念邮票

图 9-6　富勒烯的由来

图 9-6(a) 为 1967 年蒙特利尔世博会美国馆的全景，下方为从里往外的透视图；图 9-6
(b) 为纪念富勒发行的邮票。C_{60} 分子有时也被称为巴基球，是取了富勒全名 （R. Buck-
minster Fuller） 的中间部分。

长期以来，科学研究时常充满着激烈，甚至是残酷的竞争，一些重大科学成就诞生的背
后几乎都伴随着为人所乐道的传奇故事。在科学研究中，吃后悔药的人是大有人在的，这可

追溯到 19 世纪，当达尔文提出进化论的思想时，一些科学家惊叹道：哎，我怎么没想到！

  C_{60} 分子的结构研究也是一个令人感慨的实例，有关研究早先起源于物理学家对宇宙星际尘埃的探索，对于碳团簇粒子 C_n，n 为幻数，即一个碳团簇粒子中的碳原子数。研究发现，当 $n<30$ 时，n 为基数时较为稳定；但当 $n>30$ 时，n 为偶数时较为稳定，这其中就包括了 C_{60} 分子。1983 年，美国天体物理学家霍夫曼（D. R. Huffman）等人采用 He 气氛中石墨电极间放电的方法制备出了 C_{60}，令人惋惜的是，他们并未意识到这就是 C_{60} 分子，也未进一步深入研究，直到 3 年后，C_{60} 分子的结构被 Kroto 等人公布于世，他们才恍然大悟。C_{60} 分子具有独特的物理和化学性质，它的发现开拓了一个崭新的化学分支——富勒烯化学。图 9-7 中总结了 C_{60} 分子发生化学反应后所得产物立体结构的 3 种模式：第一种为接入原子或基团处于碳原子面的内侧；第二种为接入原子或基团与碳原子共面；第三种为接入原子或基团处于碳原子面的外侧。在目前已有的研究报道中，以第三种接入模式居多，例如，图 9-8 为一种 C_{60} 分子外表面复杂接枝的结构，由于该接枝结构含有大 π 键共轭体系，因此它被称作能量接收天线，所接收的太阳能可通过 Forster 机制高效地传递给 C_{60} 的基体，

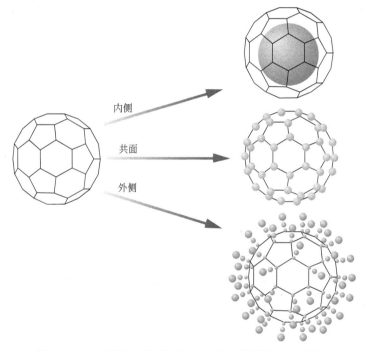

图 9-7　C_{60} 分子发生化学反应后产物立体结构的 3 种模式

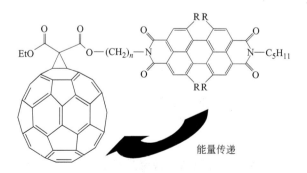

图 9-8　C_{60} 分子外表面的复杂接枝

经这样改性后的 C_{60} 有可能作为太阳能电池中的新型材料。

9.1.1.2　碳纳米管

1991 年，日本 NEC 公司 S. Iijima 教授在 Ar 气氛直流电弧放电后的阴极棒沉积炭黑中，通过 TEM 观察发现了一种直径在纳米尺度，长度在几十纳米到 1mm 的中空管。这就是现在统称为碳纳米管的新型碳材料。其独特的一维管状纳米结构开辟了一维纳米材料研究的新领域，它的发现又一次将纳米材料的研究推向高潮。

历史往往有惊人的相似，短短的几年之后，在碳纳米管结构原始的揭示性研究中，类似于 C_{60} 研究的吃后悔药现象重新出现，即在 Iijima 公布碳纳米管结构之前，欧美国家的几个研究小组已经推测出碳纳米管的结构或合成出碳纳米管，遗憾的是，早期的工作都有缺陷，不完整。Iijima 之所以在碳纳米管的原创性研究中首先取得突破，原因之一与他长期在欧美从事电子显微镜的研究有关。

纳米材料表面效应的极端情况，是单壁碳纳米管，只有表面原子，没有内部原子。

碳纳米管分为单壁（single-walled nanotube，简称 SWNT）和多壁（multi-walled nanotube，简称 MWNT）两大类，如图 9-9 所示，其中图 9-9(b) 为采用 TEM 技术观测到的一种 MWNT 剖面图。研究表明，MWNT 型碳纳米管的层壁一般为十余层至数十层。单壁碳纳米管又可分为 3 种类型，由于碳纳米管可看成是由单层石墨卷曲而成的，单壁碳纳米管的类型与单层石墨的裁剪方式有关，图 9-10 中列出了 3 种类型单壁碳纳米管的形成方式和最终结果。

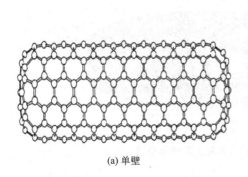
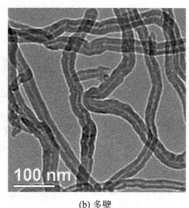

(a) 单壁　　　　　　　　　　　　　　　　　(b) 多壁

图 9-9　单壁碳纳米管和多壁碳纳米管

碳纳米管的发现极大地丰富了碳纳米材料的研究。碳纳米管既是结构材料，又是功能材料，这是由于它具有特殊的力学、电学、热学等物理性能和特殊的化学性能。图 9-11 是外界对碳纳米管发现后约 10 年间所涉及的主要研究领域的总结归纳，从中可看出，此间最受关注的研究是碳纳米管的制备，在性能研究方面，电子学和光电子学居首位，其他包括力学、能源等。

9.1.1.3　石墨烯

石墨烯（graphene）可认为是层状石墨结构剥离后的片状产物（图 9-12），在数十年前人们就已经获得石墨烯的产品，但直到 2004 年左右，随着富勒烯等纳米碳材料研究的不断深入，对石墨烯研究才开始受到高度关注，可谓是老树发新芽。实际上，在碳材料基本结构的维数分类上，较为熟知的有零维 C_{60}、一维碳纳米管、三维石墨等结构，但这其中恰恰缺

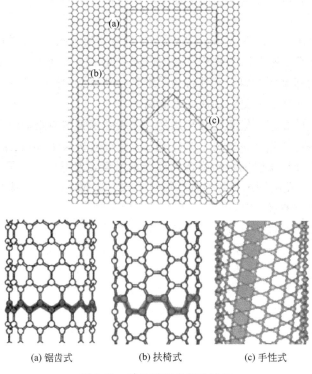

(a) 锯齿式   (b) 扶椅式   (c) 手性式

图 9-10   单壁碳纳米管的种类

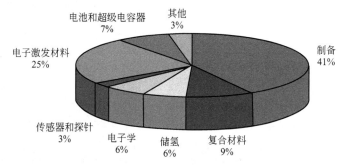

图 9-11   碳纳米管的主要研究领域

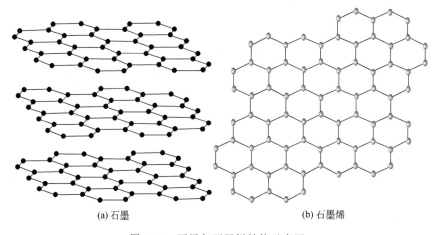

(a) 石墨   (b) 石墨烯

图 9-12   石墨与石墨烯结构示意图

少了二维结构，如今石墨烯的出现正好填补了这一空缺。不得不说，这一工作是纳米材料研究中的又一里程碑事件，2010 年，英国曼彻斯特大学的 Andre Geim 和 Konstantin Novoselov 因石墨烯的研究获诺贝尔物理学奖。

　　研究已经发现，经过加工处理，石墨烯可具有一些优异的电学（如优良的运输电子的性能）、热学（如优良的热稳定性和导热性）和力学性能，可望在高性能纳米芯片、复合材料、场发射材料、气体传感器及能量存储等领域获得广泛应用。由于石墨烯相对廉价易得，又具有较独特的二维晶体结构，石墨烯还可能蕴藏着更加丰富而新奇的物理、化学特性，为后续研究提供了广阔的空间和平台。因此，石墨烯现已迅速成为材料化学和材料物理等领域中一个新的基础理论研究热点。

　　作为一个实例，图 9-13 展示了石墨烯与 H 原子（或其他一些原子、原子团）相互作用后的连接模式，涉及石墨烯的化学改性、催化、新型有机化合物的合成和储氢等研究。

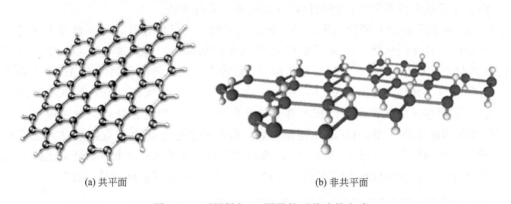

(a) 共平面　　　　　　　　　　(b) 非共平面

图 9-13　石墨烯与 H 原子的两种连接方式

　　石墨的氧化是目前得到准二维碳基片材料的重要方法。氧化石墨是经过深度化学氧化后得到的一种层间距远大于常规石墨的层状化合物，再对其剥离、还原后就可得到单层石墨片（图 9-14）。经过氧化的石墨在其片层表面引进了许多含氧活性基团，如羟基、羧基、环氧基等亲水基团，从而使得氧化石墨能在水溶液中剥离形成较稳定的单层薄片，导致其比表面积大幅度增大（理论上可达到 $2800 m^2 \cdot g^{-1}$）。而剥离的氧化石墨烯能与绝大多数金属或金属氧化物复合得到性能优异的复合材料，可望用于能源、电化学、催化等多个领域。

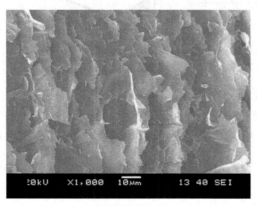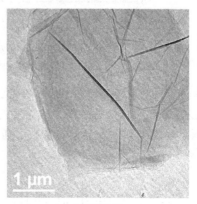

(a) SEM图像　　　　　　　　　　(b) TEM图像

图 9-14　单层氧化石墨片的 SEM 和 TEM 图像

9.1.2　金属

纳米金属的研究目前主要涉及 Au，Ag，Pt，Co，Ni，Pd，Fe 等过渡元素，可分为结构材料和功能材料两个领域。

与传统金属材料相比，纳米金属材料的某些力学性能可发生质的突变。例如我国科学家发现纳米 Cu 在室温下具有超塑延展性，并解释主要机理是纳米 Cu 中大量的晶界滑移而并非点阵位错运动，这一重大发现揭示了纳米金属材料的特殊力学性能。

在功能材料研究方面，纳米金属的光学、磁性、催化等性能受到普遍关注。如纳米 Au 作为生物、医学研究中的新型探针或指示剂而引起高度关注，这与纳米 Au 特殊的显色、变色功能有着直接的关系。

目前，人们已经总结出了一些制备金属纳米材料的物理和化学方法，如本书中已经陆续介绍过的气体冷凝、常规氧化还原、电化学制备等方法。与此同时，作为合成手段的有效补充，人们也在不断寻找对合成产物进行再分离的简单易行方法。

纳米 Au 的显色包含着两种机理，第一种显色机理——可见光吸收及颜色互补机理，本书第一章中已有较详细解释，本章图 9-15 给出的有趣结果是，通过高速离心沉降，可将纳米 Au 溶胶进行"颜色分离"，其实质是把原 Au 溶胶中不同几何形状的纳米 Au 粒子通过高速离心沉降进行了分离，如图 9-15(b) 所示，在离心试管的最底部，沉积的基本上都是球形颗粒，而接近底部的试管内壁沉积的都是棒状颗粒，这两个组分分别制成溶胶后，各自 UV-Vis-NIR 吸收光谱 [图 9-15(a)] 差异明显，溶胶的颜色差异也可直接通过人工观察获得，分别为紫红和棕色。在图 9-15(a) 中，离心试管最底部的 Au 纳米棒在可见光区 550nm 处有一明显吸收峰，它对应绿光，根据白光的互补原理，此时观察到的是紫红色。

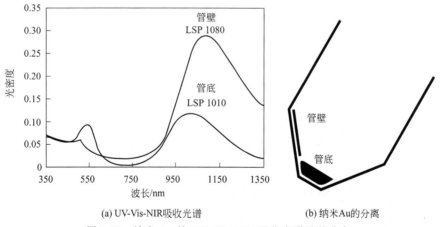

(a) UV-Vis-NIR吸收光谱　　　　　(b) 纳米Au的分离

图 9-15　纳米 Au 的 UV-Vis-NIR 吸收光谱及其分离

另一方面，某些纳米 Au 也可制成量子点，即纳米 Au 具有第二种显色机理。

纳米 Co 已被认为是一种十分重要的磁性材料，现在通过化学手段已能较好地控制纳米 Co 的尺寸、几何形状和晶型等参数，通过第 5 章的学习可知，这些参数均可对一些磁学性能产生明显影响。

9.2　二元无机非金属化合物

二元无机非金属化合物纳米材料种类多，涉及十分广泛的应用领域，在纳米材料的研究中占有很重要的位置，这里将介绍氧化物、硫化物、硒化物、碳化物和氮化物等二元无机非金属化合物纳米材料。

9.2.1　氧化物

在氧化物纳米材料的研究中，除了 SiO_2、SnO_2 等涉及主族元素外，更多的来源于过渡金属氧化物，这是因为过渡金属氧化物纳米材料具有一些独特的磁学、光电子学、电子学、催化等性能。

纳米 TiO_2 是目前被国内外科技界最为广泛研究的纳米材料之一，本书中有多处涉及它的内容。TiO_2 晶体共有 3 种晶型，金红石型、锐钛矿型和板钛矿型（表 9-1，图 9-16）。就 TiO_2 的金红石型晶胞结构而言，它早已作为一种典型的晶胞结构写入各类晶体学教科书，而锐钛矿型的结构令人感到陌生，板钛矿型的晶胞结构则最为复杂。为了进一步理解 TiO_2 的晶体结构，图 9-17 从另一个角度展示了 TiO_2 的 3 种晶胞结构，即把晶胞看成都是由 TiO_6 八面体（亚晶胞）构成的，但 TiO_6 八面体在各晶胞中的数目和连接方式都不同，另外，有些 TiO_6 八面体为相邻晶格所共享。

表 9-1　TiO_2 的 3 种晶型

项　目	金红石型	锐钛矿型	板钛矿型
每一晶胞中实际占有 Ti,O 原子数	$2 \times TiO_2$	$4 \times TiO_2$	$8 \times TiO_2$
所属晶系	四方	四方	正交
所属点群	4/mmm	4/mmm	mmm
所属空间群	$P4_2/mnm$	$I4_1/amd$	$Pbca$
晶胞参数			
a/nm	0.45845	0.37842	0.9184
b/nm			0.5447
c/nm	0.29533	0.95146	0.5145
V/nm^3	0.06207	0.13625	0.25738

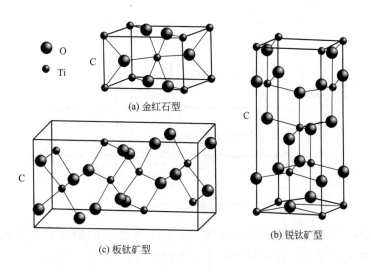

(a) 金红石型

(b) 锐钛矿型

(c) 板钛矿型

图 9-16　TiO_2 的晶胞结构

在传统 TiO_2 材料领域，应用最多的是金红石型，如作为涂料工业的原料等；就纳米 TiO_2 晶体而言，目前研究最多的是锐钛矿型；板钛矿型 TiO_2 晶体在一般情况下稳定性较差，在纳米材料领域虽有研究报道，但数量不多。

可通过 XRD 谱图计算金红石型、锐钛矿型 TiO$_2$ 混合物的各自含量。图 9-18 仅反映出共存于同一样品中锐钛矿型、金红石型两种晶体结构，以及两晶相随热处理温度不同相互转化的变化规律，锐钛矿、金红石两种晶体在某一温度下的含量（X_A 和 X_R）用以下公式求得：

$$X_R = \frac{I_R/I_A K}{1 + I_R/I_A K}$$

式中，I_A 和 I_R 分别为锐钛矿型、金红石型两种晶相最强衍射峰的峰高度或峰面积；K 为一常数，等于 0.79。当热处理温度上升到 700℃ 以上时，锐钛矿型 TiO$_2$ 可逐步转化为金红石型 [图 9-18(a)]。

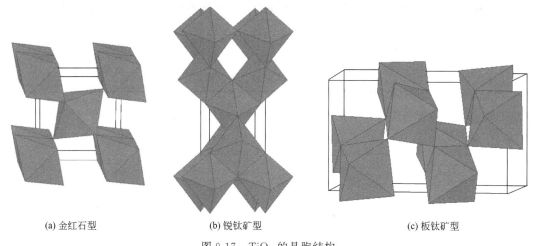

　　(a) 金红石型　　　　　　　　　　(b) 锐钛矿型　　　　　　　　　　(c) 板钛矿型

图 9-17　TiO$_2$ 的晶胞结构

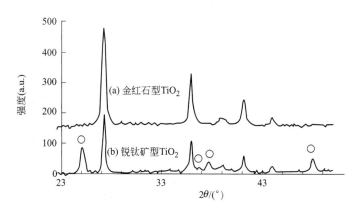

图 9-18　由 XRD 谱图计算金红石型、锐钛矿型 TiO$_2$ 含量

纳米 ZnO 为一种十分重要的功能材料，图 9-19 为采用 CBD 法制备出的 ZnO 纳米薄膜 XRD 谱图，从中可以看出，晶体的优势生长方向是沿着 [001] 轴的（见第 4 章），这种情况下通常得到的是纳米棒，但从以下结构和分析中可以看出，此时得到的是 ZnO 纳米盘。从纳米棒到纳米盘的变化过程如图 9-20(a) 所示，可形象地比喻成火腿肠的切片。实现该变化过程的难度在于，由于产物的表面积明显甚至急剧增加 [图 9-20(b)]，导致 ZnO 纳米盘活性增加，表面能增大，但由于我们在制备过程中加入明胶作稳定剂，因此得到了较为理想

的目标产物。

　　图 9-21(a) 为采用 CBD 法制备出的 ZnO 纳米薄膜的 SEM 图像，可看出大多数片状纳米 ZnO 排列较为紧密，故出现了图 9-21(b) 所示的直立于或基本直立于基片的情形。

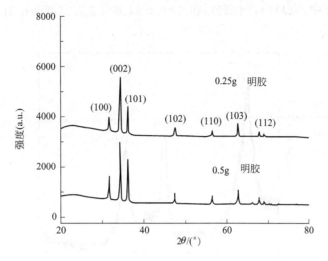

图 9-19　CBD 法制备出 ZnO 纳米薄膜的 XRD 谱图

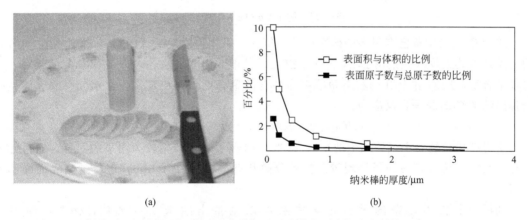

(a)　　　　　　　　　　　　　　　　　　(b)

图 9-20　纳米 ZnO 表面积的增加及纳米棒的厚度与表面结构的关系

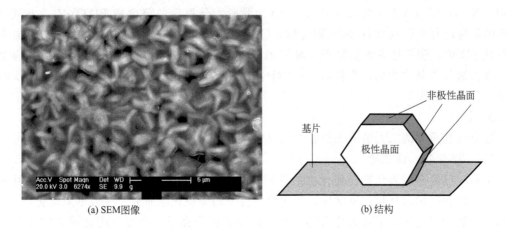

(a) SEM图像　　　　　　　　　　　　　(b) 结构

图 9-21　片状纳米 ZnO 的 SEM 图像和结构示意图

9.2.2 硫化物

CdS，ZnS 等硫化物在纳米材料的研究中较为常见，图 9-22 为一纳米 CdS 样品的 XRD 谱图，其衍射峰十分宽化，这在纳米 CdS 的 XRD 谱图中较常见。另外，纳米 CdS 常由两种晶型构成，图 9-22 中，（111），（220）和（311）峰出自立方晶型的衍射，而微弱的（200）峰来自六方晶型。

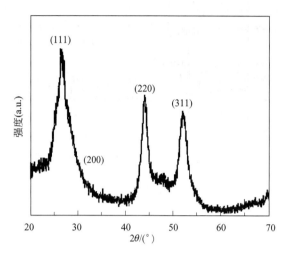

图 9-22　纳米 CdS 的 XRD 谱图

纳米 CdS 的制备已有很多的研究报道，例如，采用聚乙二醇（PEG）、聚乙二胺（PEI）的二元亲水共聚物（如采用 PEG_{5000}-b-PEI_{700}，其中 b 为 block copolymerization 的缩写，即嵌段聚合物，PEG 和 PEI 的右下角数字为各自的聚合度）作稳定剂，在水、甲醇等体系中制备出纳米 CdS 粒子，反应为：

$$CdCl_2 + Na_2S \longrightarrow CdS\downarrow + 2NaCl$$

所得产物粒径很小（约几个纳米），纳米 CdS 粒子通常产生较为明显的团聚，通过此方法有所改善，纳米 CdS 粒子呈现较好的单分散状态，粒径约为 4nm，但粒子间界面尚不十分清晰。

利用一个较为复杂的无机化学体系可以制备出纳米 ZnS 颗粒，例如，使用由 $Zn(NO_3)_2$，乙二胺四乙酸钠（Na_2H_2EDTA），CH_3COONH_4-NH_3 和明胶构成的水溶液，其中：Na_2H_2EDTA 为多齿配体，可与 Zn^{2+} 形成十分稳定的螯合物 EDTA-Zn，故可以在 ZnS 的制备过程中有效控制 Zn^{2+} 的释放；CH_3COONH_4-NH_3 可构成缓冲溶液，控制制备体系的 pH 值；明胶作为纳米粒子的稳定剂。将含有硫代乙酰胺（CH_3CSNH_2）和明胶的另一水溶液加入其中之后，来自 CH_3CSNH_2 的 S^{2-} 可与 Zn^{2+} 结合生成 ZnS，它的平均粒径很小，仅有 5.9nm。

9.2.3 其他

还有一些重要的二元纳米无机非金属材料已逐渐为人们所熟悉，以下是部分实例。

9.2.3.1　硒化物、碲化物

本章在已经介绍氧化物、硫化物的重要纳米材料基础上，将继续介绍第ⅥA族中的硒化物、碲化物等纳米材料。硒化物、碲化物在传统的无机化学研究中一般不太常见，但纳米材料研究热的兴起赋予了有关化合物的研究以很大的生命力。主要原因如图 9-23 所示，硒化物、碲化物纳米粒子具有量子点的功能，可通过调节它们的粒径控制发光颜色。

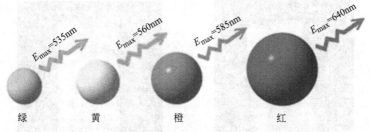

图 9-23　硒化物、碲化物量子点发光调控示意图

目前，一些量子点商品的市场价可高达每克约 1500 美元，硒化物、碲化物是早期量子点研究中的重点内容，有关制备方法较为成熟。纳米硒化物、碲化物的制备不同于制备纳米硫化物的常用方法，图 9-24 为硒化物量子点化学法制备的示意图。例如，前驱体可选用 Se 粉，Na_2SO_3 和二甲基镉，采用三辛基氧化膦（TOPO）、己基膦酸（HPA）二元表面活性剂体系作稳定剂。主要过程为：在 Ar 气氛中，先将前驱体与溶剂三正丁基膦混合，再将此混合物按一定的量注入二元表面活性剂体系，在约 300℃ 的温度下加热，发生了分解、化合反应，即二甲基镉分解出的 Cd^{2+} 与 Se^{2-} 化合成 CdSe，产物的几何形状、尺寸与二元表面活性剂间的相互比例、前驱物加入量有关。

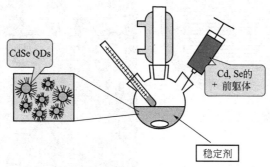

图 9-24　硒化物量子点化学法制备的示意图

CdSe 等量子点具有多种光学效应，图 9-25 为一种 CdSe 量子点的 UV-Vis 吸收光谱和 PL 发射光谱的复合图，该量子点的 UV-Vis 光谱在可见光区有多个吸收峰，PL 发射光谱则显示出一个峰。图 9-26 是该 CdSe 量子点的受激发光图片，从中可看出，无论使用可见光激发或 UV 光源激发均可看见量子点的发光。一般情况下，常使用 UV 光源作 CdSe 等量子点的 PL 发射光谱激发源。

总之，为了获得高效率的 CdSe 量子点，在制备和使用过程中，一般均需对纳米 CdSe 粒子进行稳定性处理，处理方法常采用有机包覆（图 9-24，图 9-27），对于稳定剂 TOPO 而言，它是通过 O 原子与 CdSe 相互结合的。

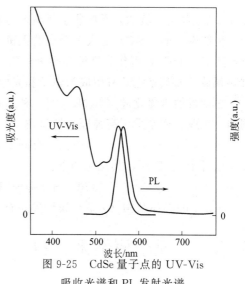

图 9-25　CdSe 量子点的 UV-Vis
吸收光谱和 PL 发射光谱

(a) 可见光激发   (b) UV光源激发

图 9-26   CdSe 量子点的发光

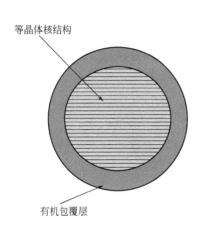 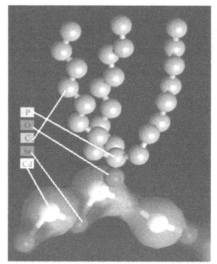

图 9-27   CdSe 量子点的有机包覆

9.2.3.2 含硅、氮二元无机非金属纳米材料

传统碳化硅（SiC）是人工合成的无机非金属材料，它属于原子晶体，硬度接近于金刚石，熔点 2600℃，可作为摩擦和耐火材料。SiC 纳米化后，可用于新型陶瓷、复合材料等新材料领域，尤其是它还有望成为电子和光电子器件的理想材料。

超细或纳米氮化硅（Si_3N_4）是一种新型的陶瓷和电子材料。Si_3N_4 的制备方法有多种，例如，工业上通常采用高纯硅与纯氮在 1600K 下反应后获得：

$$3Si + 2N_2 \Longrightarrow Si_3N_4$$

也可用 CVD 法，其反应如下：

$$3SiCl_4 + 2N_2 + 6H_2 \Longrightarrow Si_3N_4 + 12HCl$$

Si_3N_4 的晶体结构（γ 型）属于尖晶石结构，见本章以下内容。

9.3   二元金属纳米材料

纳米复合材料中常见的是二元金属纳米材料，有图 9-28 所示的合金、核-壳结构和机械混合物等 3 种类型。人们期待这些二元金属纳米材料在力学、磁性、催化、电子等领域得以应用。

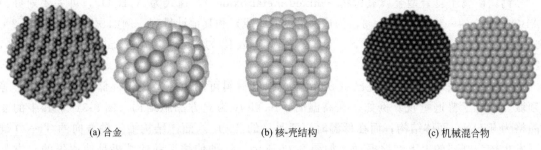

(a) 合金　　　　　　　　(b) 核-壳结构　　　　　　　　(c) 机械混合物

图 9-28　常见的二元金属纳米材料

9.4　其他无机化合物

对于化学组成更加复杂的无机化合物，其中也有不少与纳米材料或纳米结构有关。

9.4.1　硅酸盐纳米材料

硅酸盐纳米材料的共同特征是，以天然居多，获取成本低。这些天然纳米材料主要包括沸石、蒙脱土、凹凸土、埃洛石、高岭石等。

沸石是孔穴状、笼状结晶硅铝酸盐材料，大多为天然产物，但也可通过改性以及人工合成等手段获得。沸石与纳米材料的关系密切，很多沸石本身就具有纳米尺度的结构。作为一大类新型的功能材料，沸石具有吸附、催化、离子交换等多种优良性质，从而在化工或石油化工领域中得到广泛应用。沸石催化剂不仅催化功效很高，而且易于从反应体系分离、易进行再生处理，因此，沸石是一类性能优越、十分重要的非均相固体酸催化剂。沸石的晶体结构是由硅氧四面体（SiO_4）和铝氧四面体（AlO_4）连成三维的格架，格架中有各种大小不同的空穴和通道。因此，沸石又常被称作分子筛。例如，4A 分子筛的名称由来就是因为它的孔径为 0.4nm，这可以利用图 9-29 中的有关键长进行估算。

4A 分子筛中形成一个孔需要 4 个 SiO_4、AlO_4 四面体结构单元，显然，如果分子筛中形成一个孔需要的四面体结构单元数增加，则孔径将随之增加。在图 9-30 中，一个大孔是由 10 个四面体结构单元构成的。

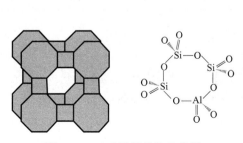

图 9-29　4A 分子筛结构示意图

图 9-30　扩孔分子筛的结构示意图

一些硅酸盐纳米材料的应用问题将在下一章讨论。

9.4.2 钙钛矿型晶体

钙钛矿属于复合型金属氧化物（mixed metal oxides），通式为 $A_x B_y O_z$，可主要划分为 ABO_3 型（$x : y : z = 1 : 1 : 3$，为最为常见的组成）和其他计量型，例如 $x : y : z = 2 : 2 : 5$（$La_2 Ni_2 O_5$），同时也包括 $x : y : z$ 为非整数比的情况，例如 $LaNiO_x$，$x = 2.80$，2.67 等。

钙钛矿型铁电材料的研究已有 50 余年。铁电材料可用于新型记忆存储材料和微电子等领域，引起了普遍重视。例如，在高温时，$BaTiO_3$ 为立方晶胞结构（图 9-31），其中的亚晶格为 TiO_6 八面体结构；而在低温时，亚晶格的 TiO_6 八面体结构沿 c 轴方向的 Ti—O 键可发生较为剧烈的上下伸缩振动，如图 9-32 所示，这种伸缩振动的结果是使原先的立方晶胞结构产生较大形变，演变成四方晶胞结构，同时导致其表面电荷密度增加。制备新型记忆存储材料的基本原理，就是利用了由伸缩振动带来的钙钛矿结构、电性能上的明显差异。常规的钙钛矿型铁电体此类上下伸缩振动的功能较弱，而纳米化使情况有所变化，如将钙钛矿型铁电体制成纳米薄膜后，不仅功能得以明显改善，还可用于高温超导体等研究领域。

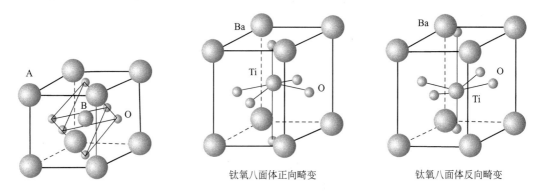

图 9-31　ABO_3 钙钛矿型晶体结构　　　　图 9-32　$BaTiO_3$ 晶体低温时亚晶格的形变

图 9-33 为两种钙钛矿型纳米晶体的 XRD 谱图，图中显示出这两组衍射峰十分相似，只是略有错位。

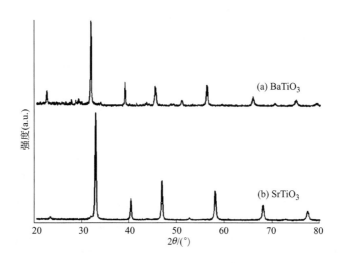

图 9-33　两种钙钛矿型纳米晶体的 XRD 谱图

9.4.3　尖晶石型晶体

尖晶石型晶体结构（通式为 AB_2O_4）涉及 $MgAl_2O_4$，$LiMn_2O_4$，$CoFe_2O_4$，Si_3N_4 和 Fe_3O_4 等多种物质，这些材料纳米化后，可作为新型电池材料、磁性材料、陶瓷材料加以利用。

尖晶石型晶体的结构是复杂的（图 9-34），为便于理解，图 9-35 对尖晶石型晶胞结构进行了剖析。首先，构成晶胞的基本框架为面心立方结构，由 A 原子构成，A 原子在此基本框架中的实际占有数为 4 个；晶胞基本框架中含有两种填充结构，由 O 原子和 A 原子构成的四面体结构（简称 T），以及由 O 原子和 B 原子构成的六面体结构（简称 H）。这两种填充结构各 4 个以交错排列的方式填入晶胞的基本框架，由此得出尖晶石单位晶胞中含有的原子数为 $A_8B_{16}O_{32}$，简约后写作 AB_2O_4。至此，在尖晶石型晶体中（图 9-34）可发现以下结构特征：

（1）O 原子呈立方密堆积结构；

（2）A 原子与 O 原子构成四面体结构；

（3）B 原子与 O 原子构成八面体结构。

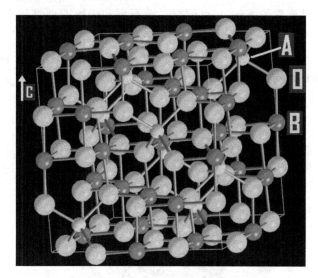

图 9-34　AB_2O_4 尖晶石型晶体结构

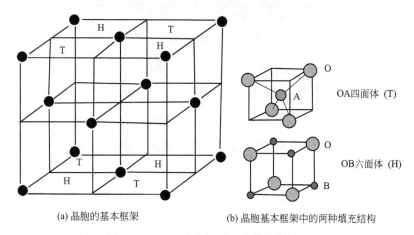

(a) 晶胞的基本框架　　　　　　　(b) 晶胞基本框架中的两种填充结构

图 9-35　AB_2O_4 尖晶石型晶胞结构剖析

9.4.4 烧绿石型晶体

具有烧绿石型晶体结构的纳米材料也是具有研究价值的。烧绿石型晶体中常含有稀土元素，由于稀土元素特殊的电子结构，稀土材料在光、电、磁、催化等方面具有独特的性质，广泛用作永磁材料、磁光材料、发光激光材料、贮氢材料、功能陶瓷材料、光学玻璃、阴极发光和发热材料及石油化工催化剂。

$A_2B_2O_7$ 型化合物可为烧绿石和萤石型结构。烧绿石结构实质上是有序掺杂的萤石型结构，图 9-36 展示了烧绿石的晶胞结构。就理想的烧绿石结构而言，所有的 A 阳离子是等价的，所有的 B 是等价的，但其中有两种类型的 O^{2-}。因此，有时烧绿石型化学式写成 $A_2B_2O_6O'$，它属于 $Fd3m$ 空间群，每个晶胞由 8 个 $A_2B_2O_7$ 组成。这种结构是有两种类型的阳离子配位多面体组成，阳离子 A（通常离子半径大于 0.1nm）是 8 配位，呈扭曲的立方体；较小的阳离子 B（通常离子半径为 0.06~0.08nm）是 6 配位，呈三角反棱柱，6 个 O^{2-} 以等间距在中心阳离子周围。然而，在许多情况下，在烧绿石型中的 6 配位和 8 配位多面体分别指八面体和立方配位多面体。通常，B^{4+} 与 A^{3+} 大小接近时，在 A 和 B 区间阳离子方向的驱动力减小，材料更趋向于萤石型。萤石型和烧绿石型结构的比较列于图 9-37。萤石型属于具有 O_h 对称性的 $Fm3m$ 空间群，萤石型和烧绿石型结构中 O^{2-} 所处环境的不同，萤石型有 3 种 O^{2-}，而在烧绿石结构中，O3 区是空的，用"□"表示。可利用 XRD 的检测结果区分烧绿石和萤石型结构，但需要指出的是，在不少情况下即使利用标准数据库进行仔细分析，准确的区分仍有困难。

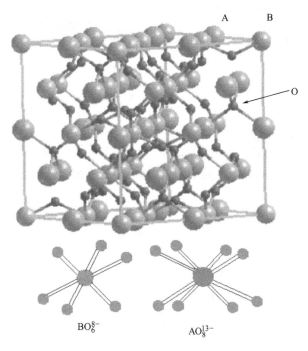

图 9-36　$A_2B_2O_7$ 烧绿石型晶体结构

图 9-38 为 $Ln_2Zr_2O_7$ 的 XRD 谱图，主要呈现立方晶型，可大致认为由萤石型和烧绿石型混合而成。由于衍射峰普遍较宽，可认为它们具有良好的结晶性，且颗粒细度均在纳米尺度。

图 9-39 为 $Er_2Zr_2O_7$ 纳米晶的 TEM 和 HRTEM 图像，从中可看出，目标产物粒径在数

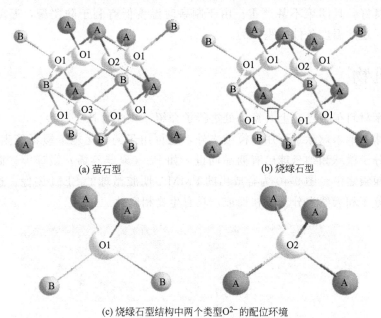

(a) 萤石型　　　　　　　　　　(b) 烧绿石型

(c) 烧绿石型结构中两个类型O²⁻的配位环境

图 9-37　萤石型和烧绿石型晶体结构的比较

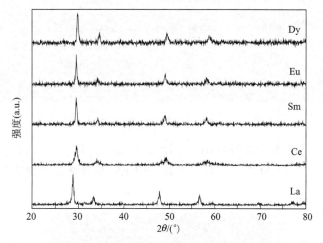

图 9-38　$Ln_2Zr_2O_7$ 的 XRD 谱图 （Ln＝La，Ce，Sm，Eu，Dy）

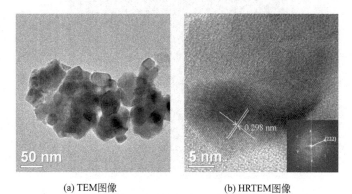

(a) TEM图像　　　　　　　　　(b) HRTEM图像

图 9-39　$Er_2Zr_2O_7$ 纳米晶的 TEM 图像和 HRTEM 图像

［（b）中插图为相应的 FFT 处理结果］

十纳米，结晶良好，且团聚不甚严重。由于制备时温度低有利于防团聚，温度高有利于结晶，因此选择合适的温度条件是重要的。

9.5　有机物

有机物纳米材料很多已在上一章等处进行了介绍，在此再补充一些。

高分子微球和纳米球除了可用作模板之外，还可用于药物运输、缓释等生物医学领域。如今，一些高分子微球和纳米球已有商品问世，如 PS（聚苯乙烯）微球等，而更多的纳米微球还在研究探索之中。图 9-40 为合成出的 PMMA-明胶微球的 SEM 图像，这种杂化材料由人工合成大分子和天然大分子接枝而成，具有生物相容性。

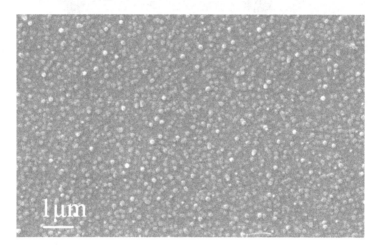

图 9-40　PMMA-明胶微球的 SEM 图像

导电高分子具有的特殊功能可应用于 LED、场效应晶体管、太阳能电池等领域。图 9-41 为针状纳米聚苯胺的 TEM 图像，它具有良好的生物相容性，可制成电极、探针，用于人体神经系统的检测。

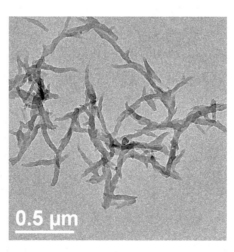

图 9-41　聚苯胺 TEM 图像

有机物组装体可用于纳米电子器件的制备，我国研究人员在该领域也开展了相关的研究。对含有苯环、杂环等的 π 电子共轭体系而言，通过控制相应有机物分子组装体的形貌，可实现对 π 电子共轭体系重叠方式的控制。如图 9-42 所示，在 J 型重叠中，由于分子间的 π-π 重叠程度较小，导致载流子迁移率较低，因而此类有机纳米材料不具有光电响应性质。反之，在 H 型重叠中，分子间的 π-π 重叠程度增加，导致载流子迁移率上升，此类有机纳米材料在光照射时表现出明显的光电开关特性。图 9-43 为纳米有机半导体光电开关特性测试的结果，从中可以清楚地看出电流强度的起伏性变化。即有光辐射时（on 态），电流强度迅速增强；当光辐射停止时（off 态），电流强度迅速减弱。

　　本章中已对一些常见和重要的纳米材料进行了介绍，随着研究的不断深入，还将出现一些重要的纳米材料，同时，已有重要的纳米材料的研究也将继续深化。

J型重叠　　　　　　　　　　　　　　H型重叠

图 9-42　有机物组装体中 π 电子共轭体系重叠方式

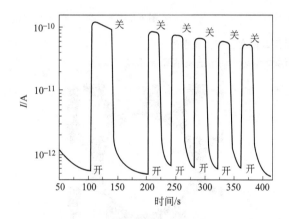

图 9-43　纳米有机半导体光电开关特性测试

思考题与习题

1. 本章节的内容不仅与自然科学、工程技术有着密切联系，还与美学、人文科学有着一定的联系，试找出与后两者有关的内容。

2. 已知 C_{60} 晶体在不同的条件下具有不同的立方晶胞结构，在 0℃ 以下时，C_{60} 晶体的晶胞边长为 1nm，密度为 $1.2g/cm^3$，求此立方晶胞的类型（一个碳原子的质量为 $2 \times 10^{-23}g$）。

3. 利用欧拉公式分析正八面体的结构。

4. 对比苯分子与 C_{60} 的化学性质。

5. C_{60} 与 H_2，F_2，Cl_2，Br_2 等物质发生化学反应属于什么类型？反应时的难易程度与哪些因素有关？

6. 过去，碳纳米管的主干结构可以想象为层状石墨卷曲而成。如今，能否利用相关逆向思维去制备石墨烯？即如图 9A 所示，将单壁碳纳米管沿其纵向"剖开"，获取单层石墨烯。查阅有关文献资料后，回答此问题，并谈其感想。

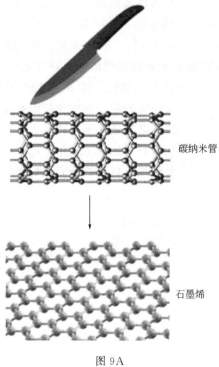

碳纳米管

石墨烯

图 9A

7. 推测最薄的薄膜可薄到什么程度？如何获取？

8. 根据图 9B 所示沸石的结构特点，利用键长估算其孔径。

图 9B

9. Fe_3O_4 为重要的磁性材料（磁铁矿的主要成分），它为尖晶石结构，分析其晶胞构成。

10. 分析碳化硅的结构与性质的关系。

11. 根据纳米氮化硅的性质推测其用途。

12. Pt 属于贵金属，分析它纳米化后的潜在应用价值。

13. 本章图 9-32 中的晶体，为什么有望作为信息存储材料？

14. 根据图 9C 中两种纳米 CdS 的 UV-Vis 谱图，求算各 E_g 值。

15. 根据图 9D 中 Au 溶胶的 UV-Vis 曲线，判断该 Au 溶胶可能具有的颜色。

16. 图 9E 为一种 Au 量子点的激发（左侧）和荧光（右侧）曲线，判断该状态下含 Au 量子点体系可能具有的颜色。

17. 从本书第 2 章中可知，纳米铁铂合金（FexPty）可有多种组成，根据以下铁铂合金的立方面心晶胞结构（图 9F），求出 FexPty 中的 x 和 y 值。

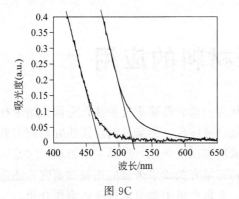

图 9C

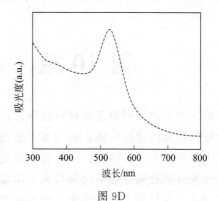

图 9D

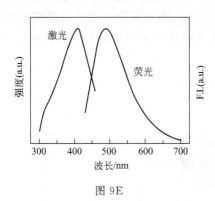

图 9E

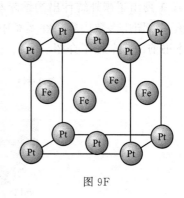

图 9F

18. 分析本章图 9-33 中两种钙钛矿型晶体 XRD 谱图中衍射峰略有错位的原因。

19. 从石墨烯的研究获诺贝尔物理学奖得到的启发是什么？

参 考 文 献

[1] Q. J. Guo, S. J. Kim, M. Kar, W. N. Shafarman, R. W. Birkmire, E. A. Stach, R. Agrawal, H. W. Hillhouse. *Nano Lett.*，2008，8：2982.

[2] J. R. Szczech, A. L. Schmitt, S. Jin et al. *Chem. Mater.*，2007，19：3238.

[3] S. S. Garje, D. J. Eisler, J. S. Ritch, M. Afzaal, P. O'Brien, T. Chivers. *J. Am. Chem. Soc.*，2006，128：3120.

[4] S. Mo, W. Ching. *Phys. Rev. B*，1995，51：13023.

[5] 张立德，牟季美. 纳米材料和纳米结构. 北京：科学出版社，2002.

[6] 汪信，刘孝恒. 纳米材料化学. 北京：化学工业出版社，2006.

[7] M. L. Curri, A. Agostiano, L. Manna, et al. *J. Phys. Chem.*，B 2000，104：8391.

[8] S. Alayoglu, A. U. Nilekar, M. Mavrikakis, et al. *Nature Mater.*，2008，7：333.

[9] B. Kurt, N. Thomas, B. Steven. *J. Chem. Edu.*，2007，84：709.

[10] M. B. Jr, M. Moronne, P. Gin, S. Weiss, A. P. Alivisatos. *Science*，1998，281：2013.

[11] J. Baffreau, S. Leroy-Lhez, N. Anh, et al. *Chem. Eur. J.*，2008，14：4974.

[12] L. Lu, M. L. Sui, K. Lu *Science*，2000，287：1463.

[13] C. B. Murray, D. J. Norris, M. G. Bawendi. *J. Am. Chem. Soc.*，1993，115：8706.

[14] V. Sharma, Y. Park, M, Srinivasarao. *Proceedings of the National Academy of Sciences*，2009，106：4981.

[15] Y. Q. Zhang, P. L. Chen, L. Jiang, W. P. Hu, M. H. Liu. *J. Am. Chem. Soc.*，2009，131：2756.

[16] X. H. Liu, M. Afzaal, K. Ramasamy, P. O'Brien, J. Akhtar, *J. Am. Chem. Soc.*，2009，131：15106.

第10章 纳米材料的应用

纳米材料之所以引起全球科技界、产业界和社会公众的普遍高度关注，是因为纳米材料有着极其诱人的应用价值，这在本书前面章节多处已有体现。纳米材料应用研究目前的发展状况大致可分为3种情形：一是有关研究成果已成功实现产业化，产品走向市场；二是有关研究成果有望近期或在不远的将来走向实用阶段；三是有关成果来自应用基础研究，还需要长时间的、更加深入的后续研究作为补充和支撑。本章中将主要对前两项内容作介绍。

图10-1列出了国外统计出的纳米材料主要应用领域，图中百分比为市场潜在商业价值的估算值，该图中多数内容将在本章中讨论，另外未涉及的内容（如信息纳米材料）大部分也已在本书前面章节作了介绍。

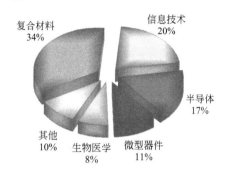

图 10-1 纳米材料的主要应用领域

10.1 金属纳米材料

在纳米科技这一新学科正式建立的前夕，即20世纪80年代左右，已经引起关注并较早开始进行系统研究的纳米材料就包括了纳米金属，30余年之后，纳米金属材料的研究已取得很大进展和较多积累。在纳米金属材料的应用研究方面，主要包括作为结构材料使用时的力学性能，以及作为功能材料使用时的磁学性能、催化性能和储氢性能等方面。

10.1.1 力学性能

包括金属材料在内的各类材料力学性能研究主要包括硬度、断裂韧性、压缩和拉伸的应力-应变行为、应变速率敏感性、疲劳和蠕变等内容。目前，已发现一些纳米金属材料具有高硬度、耐磨等传统金属材料所不具备的优良性能。

纳米金属材料力学性能的研究对象包括纯金属、合金、金属间化合物等。许多纳米纯金属（例如，Pd和Cu）的室温硬度比相应的粗晶高2～7倍。

在人们的印象中，金属Al的硬度很低，但采用快速凝固等特殊技术处理，使其合金化后，金属Al的硬度可大幅提升。这其中，典型的Al基体的晶粒尺寸在100～200nm范围，镶嵌在基体上的金属间化合物粒子直径约50nm，力学强度参数为0.8～1GPa，而超高强度Al基纳米复合材料可达到1.6GPa的水准。

高硬度纳米金属材料可在保护涂层和切削工具等方面得以应用。

与此同时，研究发现，高硬度纳米金属材料的韧性都很低，甚至降低到相应粗晶材料的5%左右，这是纳米金属材料中存在的各类晶体缺陷，以及微观应力及界面状态等因素导致的。然而，通过对纳米 Cu 等的进一步研究表明，通过改进制备工艺，有望大幅度提高纳米金属材料的韧性。

10.1.2 软磁性能

软磁材料是指那些矫顽力小、容易磁化和容易退磁的磁性材料，如纳米 Fe，Co 等（图10-2）。

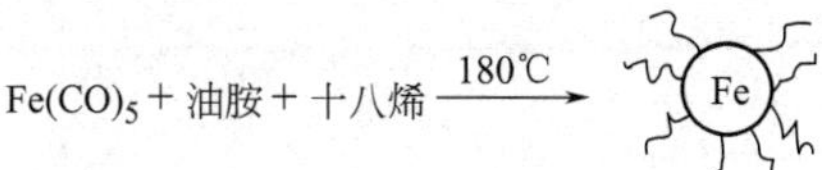

$$Fe(CO)_5 + 油胺 + 十八烯 \xrightarrow{180℃} \boxed{Fe}$$

图 10-2 重要的软磁性纳米金属——纳米 Fe 的化学制备

国外有报道，通过快淬法得到的 FeCuNbSiB 非晶在初生晶化后，典型成分为 $Fe_{73.5}Cu_1Nb_3Si_{13.5}B_9$，它具有良好的软磁性能，达到了坡莫合金（铁镍合金）和最好的 Co 基合金的水准，该软磁材料的饱和磁化强度很高，B_s 约为 1.3T。开发出的软磁性纳米晶还包括 Fe-Zr-B 合金等系列。

软磁性纳米金属的实用前景非常诱人，目前国外已开始制造和销售一些具有用途特殊的小型铁芯产品。

10.1.3 催化性能

实际上，具有实质内容的纳米金属催化剂出现在"纳米材料"的概念诞生之前，并且它早已在石油化工、精细化工合成、汽车尾气净化等一些领域中得以应用，较为典型的如 Rh/Al_2O_3，Pt/C 等金属纳米颗粒固定在惰性载体表面上的催化剂。

值得注意的是，纳米材料研究热兴起之后，纳米金属催化剂和其他类型纳米催化剂的研究也随之向纵深发展，主要表现在两个方面，一是寻找新的催化剂载体；二是寻找新的替代 Rh，Pt 等贵金属的新型高效催化剂。本章以下内容将继续介绍相关研究进展。

10.1.4 储氢性能

氢气作为能源使用具有无污染、可再生、高燃烧值等优点，被认为是不久的将来汽车使用的新型能源（图10-3）。但是，普通氢气能量密度低，需进行大幅压缩，现行常用储氢手

图 10-3 氢能源汽车

段为使用高压容器。由于在高速运行的汽车上使用高压容器存在很大的安全隐患，故人们多年来一直在寻求新型储氢材料。尽管现已发现了多种类型的储氢材料，但综合性能最好的应属于二元合金，如 $LaNi_5$，$FeTi$ 和 Mg_2Ni 等等。

二元合金储氢纳米材料等的研究也自然包括在储氢材料研究之内，当储氢材料纳米化后，其比表面积显著增加，储氢性能得到明显改善。一般说来，储氢材料纳米化后对自身热力学性能影响不大，而对自身动力学性能影响较大，包括释氢速度增加，释氢温度降低，可逆储氢容量增加等。

10.2　磁性液体

纳米材料的磁学性质应用领域十分广泛，其中磁性液体是一种特殊的磁性纳米材料，也是一种特殊的材料形态，因为在一般传统概念中，材料应是固体。磁性液体应用价值巨大，故在此再进行一些总结。

10.2.1　磁性液体及其性能

磁性液体又称为磁流体（magnetic fluid），它的构成如图 10-4 所示。磁性纳米粒子由 Fe，Co，Ni 等金属元素的单质或化合物构成，例如，铁氧体系磁性液体（ferrofulid）

超顺磁性是磁性纳米材料极为重要的性质，也是磁性液体特别重要的性质。

10.2.2　磁性液体的应用

例如磁墨水（ink），利用墨水的涂写、绘制功能，制备纳米薄膜以及其他纳米器件密封材料。当磁性液体等磁性纳米材料应用于生物、医疗等研究领域时，常需将其进一步制备成复合材料，一些实例见以下内容。

图 10-5 展示了磁性液体的一种用途，当把磁性纳米粒子分散至普通润滑油中，可延长润滑油的使用寿命，这是因为润滑油在机械表面耗尽后，磁性纳米粒子仍可附着在机械表面发挥润滑功能。

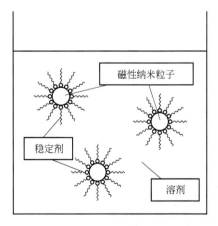

图 10-4　磁性液体的组成示意图

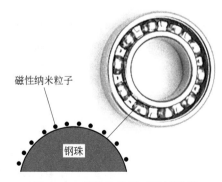

图 10-5　磁性液体用于机械润滑

10.3　纳米复合材料

复合材料（composite materials）是在金属材料、无机非金属材料和高分子材料基础上发展起来的混合型材料,复合材料的重要性不言而喻,比如,复合材料已经几乎渗透到现代人类日常生活的各个方面。纳米复合材料研究的迅速发展又使此类材料锦上添花,进一步丰富了复合材料的内涵,并在此基础上派生出复合材料的同义词或近义词——杂化材料(hybride materials)。表 10-1 中列出了传统复合材料和纳米复合材料的主要形成机制,从中可初步体会纳米复合材料在复合材料中所具有的共性和个性。

表 10-1　复合材料和纳米复合材料的主要形成机制

制备手段	评　述	实　例
机械混合	复合材料最为经典和十分常用的形成手段(如填充法),但仍可应用于纳米复合材料的研究	钢筋混凝土的形成;高分子材料改性
包覆	可分为涂敷、镀层、压制等传统手段,以及纳米尺度下的微观包覆	家具、隐身飞机的外表;核-壳结构纳米材料
负载、掺杂	负载是制备催化剂的传统手段,也可应用于纳米催化剂的研究;掺杂是纳米复合材料更为常见的制备方法。对比负载和掺杂,前者所得产物具有明显的界面结构	Pd/C 负载型催化剂;TiO_2/SnO_2 掺杂型光催化剂
沉积	建立在物理或化学原理上的多种沉积方法已在纳米复合材料的制备中得到广泛应用	半导体材料在基片上沉积;硫醇在 Au 表面的自组装

在纳米材料的应用研究中,由纳米材料参与构成的复合型材料占有较大比例(图 10-1),以下介绍的内容为经过选择的、具有重要应用价值的实例。

10.3.1　在医学、生物领域中的应用

纳米复合材料在医学、生物领域中已有较多的潜在应用价值,其中部分已进入临床实验阶段,甚至一些产品已开始进入市场,以下是部分实例。

10.3.1.1　磁性纳米复合材料

图 10-6 中列出了缓释药物释放的两种常见类型,就非降解型释放而言 [图 10-6(a)],可以通过改变体系的 pH 值、温度等参数,使得缓释药物结构中的包覆层膨胀,有效药物粒子得以渗出、扩散。就降解型释放而言 [图 10-6(b)] 更为常见,它是通过缓释药物结构中包覆层的逐渐溶解,最终释放出有效药物粒子,一些常规缓释药物已走向市场,如感冒胶

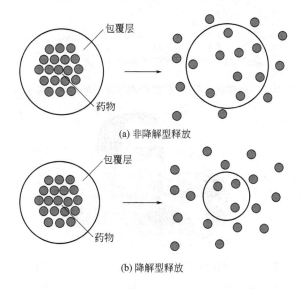

(a) 非降解型释放

(b) 降解型释放

图 10-6　具有核壳结构缓释药物的释放类型

囊等。

　　常规缓释药物的生产技术再经过特殊处理后可实现靶向化，也就是所谓的生物导弹，主要用于癌症等疾病的治疗，这主要是因为治疗癌症的药物一般毒副作用很大，故需要尽可能地把这些药物集中释放在病变部位。图 10-7 中介绍了一种靶向化纳米缓释药物的基本结构，它是一种复杂的核-壳结构，其表现为，在其壳结构中，又存在一核-壳结构，它是由磁性纳米粒子和稳定性包覆层构成的。之所以使用稳定性包覆层，是为了防止人体组织与磁性纳米粒子直接接触，造成伤害。当然，这仅是理想化设计，现实中实施时还是有难度的，实际上还有多种研制缓释药物方法。

　　图 10-8 展示了治疗癌症用"生物导弹"的工作原理：将图 10-7 中或其他的缓释药物液溶胶通过口服或注射至体内，由于此时已从患者体外向患处（肝脏）施加了定向磁场，在体内循环的缓释药物可在较短时间内富集在患处，不久药物的缓释层便溶解，释放出药物，而磁性纳米粒子也将被安全代谢出体外。

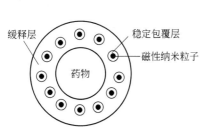

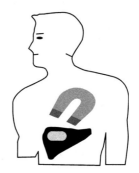

图 10-7　一种缓释药物的理想化设计：　　　　图 10-8　治疗癌症用"生物导弹"的工作原理
　　　　　多重及复杂的核-壳结构

　　随着有关研究的不断深入，基于磁性纳米材料的缓释药物也在不断改进中。例如，国外学者将缓释药物由液溶胶延伸至气溶胶（图 10-9，图 10-10），用于肺癌等的治疗。

图 10-9　磁性纳米粒子/抗癌药物气溶胶靶向性动物实验

图 10-10　磁性纳米粒子/抗癌靶向性药物的实用化

　　除此之外，磁性纳米粒子在生物医学领域中还有其他一些用途，图 10-11 介绍了一种基于磁性纳米材料的 DNA 细胞渗入技术。首先，将 DNA 分子与磁性纳米粒子结合，并将之放置细胞表面，在盛放细胞的表面皿底部施加外磁场，在磁场力的作用下，DNA 分子渗入细胞内部。

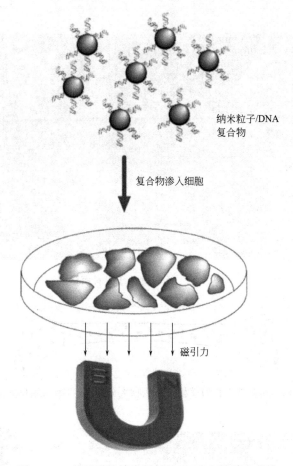

纳米粒子/DNA
复合物

复合物渗入细胞

磁引力

图 10-11　基于磁性纳米材料的 DNA 细胞渗入技术

10.3.1.2　人造骨

由于人的衰老、交通及工伤事故和过度肥胖等原因，一些人常常需要修补、更换部分骨骼，目前常用的人造骨骼材料有金属制品，如图 10-12 中骨骼右侧的不锈钢固定件，以及无机陶瓷或高分子制品。但这些人造骨骼制品还分别存在着锈蚀、生产成本、老化等缺陷，尤其是共同存在着生物相容性欠佳的问题。如今，人们正积极探索利用纳米科技，同时结合生物医学技术，进行新型人造骨的研制。

图 10-13 中展示了一常用的，基于纳米材料的人造骨骼研制方法。其基本原理是，人造骨生长的依托体由明胶构成，也即模板，其中事先放入骨生长细胞和无机纳米增强材料（最为常见的是纳米羟基磷灰石颗粒），通过空间位置的置换进行骨骼生长。由于明胶易降解，在骨生长细胞的作用下，生长出的骨骼填补了明胶降解遗留的空间，这种生长过程现已可在实验动物甚至患者体内实现。

10.3.1.3　防护服

纳米服装（图 10-14）的研制现已进入实用化阶段，如用于抗菌、抗病毒的生化防护服，其纤维织物的外表牢固附着了相应功能性纳米材料，这种纳米防护服可在医学、教育、科研和军事等领域中得以应用。此外，纳米服装还可在民众日常生活中得以应用，例如，当今的保暖内衣已发展到了第三、四代。新一代保暖内衣的设计概念是，通过在内衣的内表面附着红外反射纳米材料，实现对人体热量散失的有效减低，因为人体热量的散失总是伴随着红外光谱的辐射。

图 10-12　不锈钢用于骨科医学

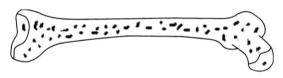

图 10-13　人造骨生长的模板——生物大分子/无机纳米颗粒复合材料

(a) 防护服　　　　　　　　　(b) 保暖内衣

图 10-14　纳米服装

10.3.2　纳米催化剂

纳米材料研究的发展对催化材料的促进作用也是显而易见的，纳米催化剂是纳米材料应用研究中一个十分重要的内容。

　　一些催化剂为复合材料，它是由载体、催化活性成分和助剂等构成的。载体除了包括传统碳材料、分子筛、Al_2O_3 等材料之外，还引进了碳纳米管、介孔 SiO_2 等多种纳米材料，从而制备出纳米级载体/纳米级催化活性成分的纳米催化剂。如图 10-15 所示，当碳纳米管负载纳米级催化活性粒子后，对节约贵重金属，提高效率时常会有帮助。

　　另外，不仅仅是碳纳米管可用作催化剂的载体，其他纳米材料也可用作催化剂的载体。例如，可在 SiO_2 颗粒表面负载纳米 Ag 粒子（图 10-16）；在钛酸盐纳米棒的表面负载纳米 Pt 粒子；在凹凸棒表面负载纳米 TiO_2 粒子（图 10-17）。这些纳米催化剂可用于环境、能源、石油化工等领域。

图 10-15　碳纳米管负载纳米级
催化活性粒子的示意图

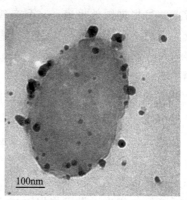

图 10-16　Ag/SiO_2 负载型
纳米催化剂的 TEM 图像

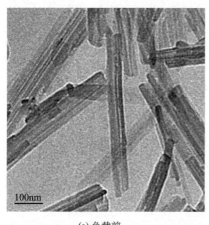

(a) 负载前

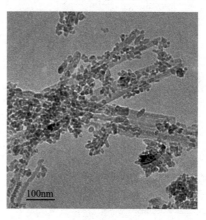

(b) 负载后

图 10-17　凹凸棒负载催化剂的 TEM 图像

　　近 10 年来，生物燃料的研究热悄然兴起，但早期的研究存在反应温度偏高（50～70℃），反应时间过长（5～8h），产生碱性废物等不足。国外的研究工作表明，纳米催化剂的使用可有效克服这些缺点，在相关的反应中，来自植物油中的甘油三酸酯与乙醇（EtOH）混合后，使用介孔 SiO_2 作催化剂，在低温、短时间内生成各类脂肪酸乙酯以及甘油，该异相催化反应无污染产生，同时产物易与催化剂分离。反应中所使用的介孔 SiO_2 催化剂颗粒直径为 250nm 左右，但由于催化剂颗粒中存在大量孔道，导致比表面积很大，超过了 $600m^2 \cdot g^{-1}$，因此，该催化反应被认为主要发生在孔道内。

$$\begin{bmatrix} O-OCR_1 \\ O-OCR_2 \\ O-OCR_3 \end{bmatrix} \xrightarrow[3EtOH]{纳米催化剂} R_1COOEt + R_2COOEt + R_3COOEt + C_3H_5(OH)_3$$

甘油三酸酯　　　　　　　　　脂肪酸乙酯　　　　甘油

有研究表明，采用非化学计量的 CeO_{2-x} 纳米晶体作为 CO 还原 SO_2，CO 氧化和 CH_4 氧化等反应的催化剂时，均可表现出很高的活性，活化温度低于超细的化学计量 CeO_2 基材料。对于选择性还原 SO_2 为 S 的反应，可在 500℃实现 100％转换，而由化学沉淀得到的超细 CeO_2 粉末，其活化温度要高出 100℃。Cu/CeO_{2-x} 纳米催化剂可以使 SO_2 的还原温度降低到 420℃。另外，CeO_{2-x} 纳米晶在相关反应中具有没有活性滞后，优异的抗 CO_2 毒化能力等特点。另根据国外报道，一种新型的纳米催化剂 Li/MgO 对 CH_4 向高级烃转化的催化效果较为理想，催化剂的活化温度比普通 Li 浸渗的 MgO 催化剂至少低 200℃，平均活性比普通催化剂提高 3.3 倍。

10.3.3 高分子/纳米复合材料

20 世纪中后期，高分子材料的不断普及有力地推动了社会的发展，也给人们的日常生活带来很多便利。但多数高分子材料仍具有易老化、机械强度较低、热稳定性不高等缺陷。因此，高分子材料的改性至今依然是必要的，纳米材料的出现，为改性高分子材料增添了新的活力。从一定程度上说，纳米材料改性高分子材料研究包含了仿生的思想。种有植被的土壤其水土流失程度要远远小于裸土，如果水流要把图 10-18(a) 中植物根系范围的土壤冲走，须多消耗能量，相当于做了将根系拔出土层的功。图 10-18(b) 展示了相关机理，从中可以看出，表面接上有机分子链（相当于植物根系）的纳米粒子在高分子中，可与高分子链结合、缠绕，从而较为有效地改善高分子材料的物理性能。

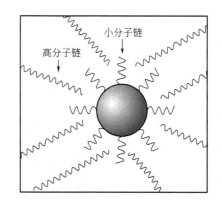

(a) 植物根系与水土保持　　　　(b) 高分子/纳米复合材料的仿生——"根须结构"的形成

图 10-18　纳米材料改性高分子材料的原理

类似地，可将蒙脱土等层状硅酸盐天然纳米材料通过插层法复合至高分子体系，形成高分子/纳米复合材料。如图 10-19 所示，插层复合法可分为两大类：插层聚合和聚合物插层复合。其中，插层聚合又可分为插层缩聚和插层加聚两种；聚合物插层复合又可分为溶液插层和熔融插层两种。

在上述方法中，首先将单体或聚合物插入经插层剂处理的层状硅酸盐片层之间，进而破坏硅酸盐的片层结构，使其剥离成厚为 1nm 左右的层状硅酸盐结构，并均匀地分散在高分子基体中，继而实现高分子与黏土类层状硅酸盐在纳米尺度上的复合。

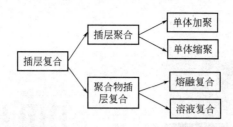

图 10-19　硅酸盐天然纳米材料通过插层复合法制备高分子/纳米复合材料

　　总之，利用纳米材料对高分子材料进行改性，以开发出具有优良性能的高分子基无机纳米复合材料是高分子材料领域研究的热点之一。复合材料界面是复合材料极为重要的微观结构，界面的性质直接影响着复合材料的各项性能。纳米材料在高分子基体中的均匀分散以及无机纳米粒子与高分子基体的优异的界面结合是实现高分子基纳米复合材料的有效改性与高性能化两大关键因素。

　　高分子/纳米复合材料力学性能研究主要包括拉伸、弯曲、剪切和冲击韧性测试等实验内容，常用设备为材料万能试验机（图 10-20），测试时应按统一标准，通过注塑等手段制备样条。

图 10-20　材料力学性能试验机

　　经纳米材料改性的高分子材料由于综合性能得以明显改善（图 10-21），可替代金属和其他传统材料而应用于汽车、电子、家电、通讯、机械、交通、体育休闲用品等众多领域。

　　军用飞机隐身技术现已成功应用于战争，该隐身技术就是利用一些手段减弱雷达电磁反射波、红外辐射等特征信息，使敌方探测系统不能或难以发现飞机的飞行。因此，飞机的隐身技术主要是通过在飞机表面涂敷十分特殊的复合涂层实现的，但由于军用飞机高速度、机动性等方面的特殊原因，要求这些复合涂层具有较小的质量。一架民用客机的普通彩绘（图 10-22）尚需要数百至近千公斤的油漆，该油漆固化后剩余质量也较为可观。为尽量减轻军用飞机外表复合涂层的重量，人们已将其中的关键性功能材料纳米化，并成功应用。

图 10-21　利用高分子/纳米复合材料加工的零部件　　　　图 10-22　飞机彩绘

10.4　纳米器件与装置

10.4.1　新型太阳能电池

　　硅太阳能电池是目前最为普及的商品化太阳能电池，出于降低成本等方面的考虑，硅太阳能电池现已从单晶、多晶向非晶方向发展。尽管如此，硅太阳能电池仍存在成本偏高、原料生产存在污染等缺陷，因此，开发新型硅太阳能电池是十分必要的。在目前新型太阳能电池的研发中，纳米 TiO_2 太阳能电池等占有较大比例，图 10-23 为纳米 TiO_2 太阳能电池的

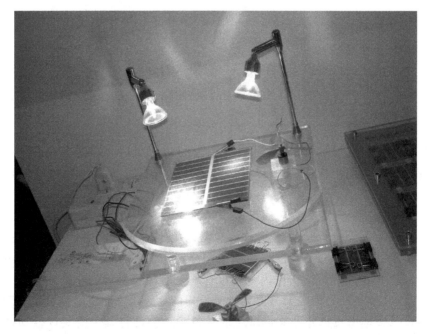

图 10-23　纳米 TiO_2 太阳能电池实验装置

实验装置，其光源采用模拟光源。图 10-24(a) 和 (b) 为纳米 TiO_2 太阳能电池的基本结构和负极结构示意图，相关研究产业化进程也是较快的，图 10-24(c) 为我国"十五"期间研制的纳米太阳能示范电站——500W 纳米 TiO_2 太阳能电站实景。

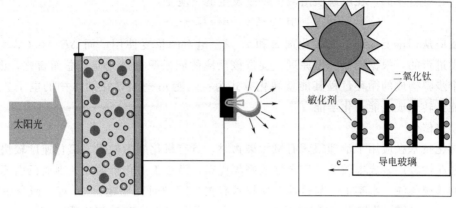

(a) 纳米太阳能电池示意图　　　　　　　　　(b) 纳米太阳能电池负极

(c) 我国纳米太阳能示范电站

图 10-24　纳米 TiO_2 太阳能电池的基本结构以及实例

图 10-25 为这种太阳能电池基本构造的示意图。与普通电池一样，它也由正、负电极和电解质构成，其中右侧为电池正极，它通常由导电玻璃构成；而左侧为电池负极，它由光敏化剂包覆的纳米 TiO_2 薄膜构成；介于正、负电极之间的电解质最为常用的为 I^-/I_3^- 混合物，它们可作为电池正极的电极反应电对。可以看出，该电池所产生电势差 ΔV 为 I^-/I_3^- 氧化还原电极电位与 TiO_2 的准费米能级的差值，显然 ΔV 的能量源来自于光能 $h\nu$，$h\nu$ 对应

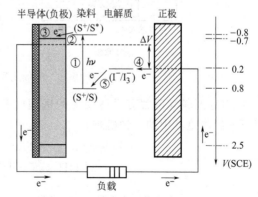

图 10-25　纳米太阳能电池原理

的电势差 $\Delta E=0.8-(-0.8)=1.6V$，可在电池中转化为多种能量形式。基本过程为，光敏化剂 S 中的电子吸收太阳能后由基态（S^+/S）转化为激发态（S^+/S^*），处于激发态的电子随后注入 TiO_2 薄膜，这些电子中的大部分将穿过 TiO_2 的薄膜层进入导线，在电池的另

一端——正极的表面将发生以下半反应

$$I_3^- + 2e \longrightarrow 3I^-$$

当电子从 $E = -0.8V$ 的激发态（S^+/S^*）流动到 $E = 0.2V$ 的电池正极时 $\Delta E = 1.0V$，表明该过程是自发的。在电解质溶液中继续发生的反应是：

$$3I^- + 2S^+ \Longleftrightarrow I_3^- + 2S$$

该反应从理论上保证了光敏化剂 S 和 I^-/I_3^- 电对的重复使用，而 $\Delta E = 0.6V$，表明是可以自发进行的，根据能量守恒原理，促进该反应的能量源也是光能。总而言之，图 10-25 中的 5 个步骤构成的循环过程其能量转化方式为：光能 $h\nu \to$ 光敏化剂 S 中的电子势能，该电子势能又转化成电能、化学能。

10.4.2　光催化

光催化技术在应用于治理很多有机污染物时，具有氧化能力较强、氧化速度较快、能耗较小、适应性较广、成本较低、安全性较好等优点，潜在工业化价值高，因而已引起国内外科技界的普遍关注。事实上，与这项应用技术有关的基础研究已超出 30 年。研究中所采用的光催化剂以 TiO_2 及相应的掺杂物质为主，此外还有 CdS，ZnO 等物质。图 10-26 所示的是光催化降解污染物的实验装置。人们希望直接利用太阳这一用之不竭的光源，但由于具有最佳催化功能的紫外光在太阳光中含量偏低，以及相应的紫外光波长选择性等问题，近一二十年来在有关研究中使用较多的光源是人工紫外光。

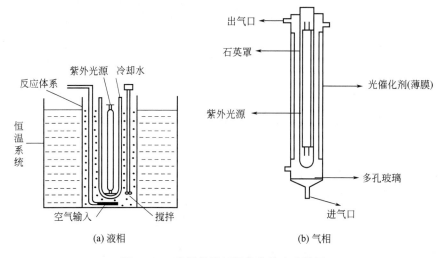

(a) 液相　　　　　　　　　　　　　(b) 气相

图 10-26　光催化降解污染物的实验装置

TiO_2 光催化降解有机污染物的机理已有多种报道，相关机理中有些存在一定的共性，以下介绍的是其中的一种机理。

$$TiO_2 + h\nu \longrightarrow TiO_2(e^- + h^+) \longrightarrow e^- + h^+$$
$$h^+ OH_{surf.} (and/or\ H_2O) \longrightarrow \cdot OH + H^+$$
$$e_{eb}^- + O_2 \longrightarrow O_2^- \cdot$$
$$O_2^- \cdot + H^+ \longrightarrow \cdot OOH$$
$$\cdot OH\ (or\ \cdot OOH) + 有机污染物 \longrightarrow 氧化产物$$

纳米 TiO_2 的能隙（E_g 在 3.2eV 附近）特征决定了其自身可接受太阳光中的紫外光辐照产生光电子 e^- 和与之相对应的正电荷空穴 h^+，这是多种 TiO_2 光催化降解有机污染物机理所拥有的共性，实为发生光催化的充要条件。正电荷空穴 h^+ 可以和 TiO_2 表面的羟基或者是所接触到的水分子相互作用产生氢氧自由基 $\cdot OH$，而由 TiO_2 电离出的电子积累在 TiO_2 表面，并可与氧气分子结合生成氧负离子，氧负离子再与 H^+ 生成活性基团 $\cdot OOH$，最终 $\cdot OOH$ 或者是 $\cdot OH$ 可将有机污染物氧化分解。

纳米 TiO_2 作为半导体型光催化剂处理污水的另一种机理被认为是以下过程：

$$TiO_2 \longrightarrow e^- + h^+$$
$$2h^+ + H_2O \longrightarrow 1/2O_2 + 2H^+$$
$$O_2 + 2H^+ + 2e^- \longrightarrow H_2O_2$$

这种机理认为生成的 H_2O_2 是分解有机污染物的强氧化剂。

图 10-27 为改进 PEG 法所得纳米 TiO_2（详见本书 2.4.3 节）光催化降解甲基橙的 $\ln(A_0/A)\text{-}t$ （min）关系图。从中可以看出，此方法所得纳米 TiO_2 的 $\ln(A_0/A)$ 值对时间 t 作图得到的是线性关系，说明在这四种催化剂作用下，甲基橙溶液的光降解过程可近似为一级动力学方程式。表 10-2 列出了这四种相关催化剂的重要性能指标及其光降解甲基橙的表观速率常数 k。该表中的数据表明，未在高温热处理的纳米 TiO_2 对甲基橙溶液的脱色反应速率比其他三个经高温处理所得粉末要大得多，具有极高的催化活性。其他三个高温处理所得粉体，以 500℃ 所得的粉末光催化活性最高，700℃ 所得的粉末次之，900℃ 所得的粉末最差。这主要是由于随着热处理温度的升高，粉末粒径增大及 TiO_2 结晶状况改变的缘故。

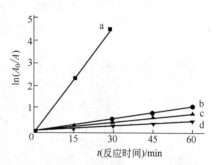

图 10-27　近似为一级反应的光催化动力学

纳米 TiO_2 的制备温度：a—90℃；b—500℃；c—700℃；d—900℃

表 10-2　改进 PEG 法所得纳米 TiO_2 的基本特性参数

样品热处理温度/℃	晶型	粒径 d_{101}/nm	甲基橙脱色反应表观速率常数 k
90	锐钛矿和非晶	4	0.1509
500	金红石和锐钛矿	8.904	0.0177
700	金红石和锐钛矿	15.92	0.0119
900	金红石	36.29	0.0070

国内外纳米 TiO_2 光催化剂的应用研究已向实用化迈进。图 10-28 介绍了纳米 TiO_2 的一种光催化自洁净原理，它可应用于城市中汽车尾气的净化 [图 10-29(a)]，即把 TiO_2 光催化剂固定在沥青道路的表面实施氮氧化合物（NO_x）等汽车尾气的净化。自洁净玻璃是一种采用气相沉积等方法在玻璃表面镀上一层透明的亲水性纳米 TiO_2 光催化剂，从而实现自洁功能的产品。这种自洁净玻璃可望用于车站、体育场馆、剧场、交通隔音设施等处 [图 10-29(b)]。

TiO_2 另一极为诱人的功能是光催化分解水制取氢气，原理如图 10-30 所示：TiO_2 的能隙决定了它可以吸收紫外光，当电子从价带被激发到导带上时，可分别发生析氧（失电子）和析氢（得电子）的反应。

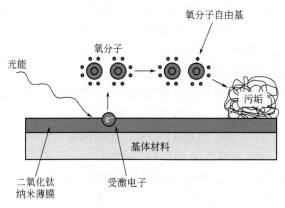

图 10-28　纳米 TiO₂ 的自洁净示意图

(a) 汽车尾气净化

(b) 公共设施自洁净

图 10-29　纳米 TiO₂ 光催化剂的应用前景

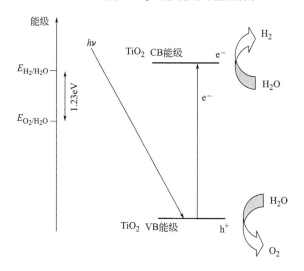

图 10-30　TiO₂ 光解水制氢原理

10.4.3　传感器

传感器是一种能把物理、化学或生物等信号转变成电信号的器件，传感器现已融入人类现代社会的众多领域。在此基础上，进一步依托纳米材料和纳米技术可制备出纳米传感器，其中敏感性器件以及其他部件、电路等的形成和排布依靠自组装、各类沉积和蚀刻等手段。

图 10-31 为一种通过自组装技术制备出的阵列式纳米传感器，如 ZnO 纳米棒阵列传感器等。在此基础上，还可将不同类型的单一纳米传感器进行集成，从而实现传感器的多功能化、便捷化。图 10-32 为一国外科技工作者完成的具体实例，此传感器又俗称电子鼻，它在很小的面积上集成了 16 种气敏单元，可同时检测多种气体，可用于环境保护、公共安全等领域。

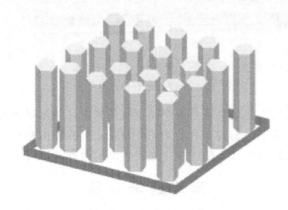

图 10-31　阵列式纳米传感器示意图

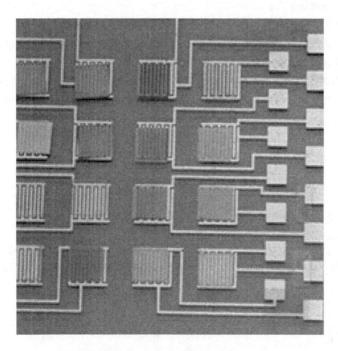

图 10-32　多功能纳米传感器

纳米传感器在生物、医学等领域也有着一些潜在的应用价值。例如，国外报道了一种可诊断哮喘病的纳米传感器（图 10-33），它以 Si/SiO_2 为基片，在其表面依次固定碳纳米管、电极材料和聚乙二胺（PEI）后，通过对人体呼吸排出的氮氧化合物（NO_x）含量测试，以诊断哮喘病的发病可能。

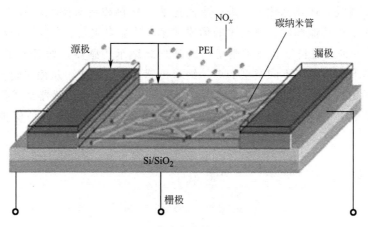

图 10-33　碳纳米管传感器示意图

　　纳米材料的各项研究工作最终还是要归结于应用之中，纳米材料的应用研究目前仍处于快速发展，不断深入的阶段。通过本章的知识介绍，人们有理由相信，纳米材料和纳米技术已经并将继续有力地促进人类社会的进步、人民生活的改善。

思考题与习题

1. 金属银具有抑菌、抗菌功能，怎样提高金属银的抑菌、抗菌效能？
2. 氢燃料电池的工作原理是什么？
3. 利用有机化学等知识，分析本章 10.3.2 节中合成生物柴油的有机反应。
4. 总结本书中已经涉及的纳米复合材料制备方法，以及这些纳米复合材料的主要应用价值。
5. 一些军用飞机为什么可以隐身？隐身飞机的外表为什么是黑色或深色的？
6. 2008 年，世界著名医学刊物《新英格兰医学杂志》等的文献陆续指出：目前使用的避孕套（或安全套）并不能有效预防一些性病等疾病，其中预防艾滋病的失败率达 16.7%～31%。分析其原因，并提出相关材料的改进方法。
7. 图 10-14 中的生化防护服外表面为什么要负载功能性纳米材料？
8. 在图 10-18(b) 中，纳米粒子表面是如何接上有机分子链的？

参 考 文 献

[1]　汪信，刘孝恒.纳米材料化学. 北京：化学工业出版社，2006.
[2]　张立德，牟季美.纳米材料和纳米结构. 北京：科学出版社，2002.
[3]　L. H. Li，W. P. Zhu，P. Y. Zhang，Z. Y. Chen，W. Y. Han. *Water Res*，2003，37：3646.
[4]　X. Zhang，W. D. Yan，H. F. Yang，B. Y. Liu，H. Q. Li. *Polymer*，2008，49：5446.

第11章 纳米材料研究英文论文的写作及范例 50 句

科技论文是科研成果（尤其是基础理论和应用基础研究方面）最为主要的体现方式，也是衡量个人、团队，直至一个国家科研水平和实力的重要标志。

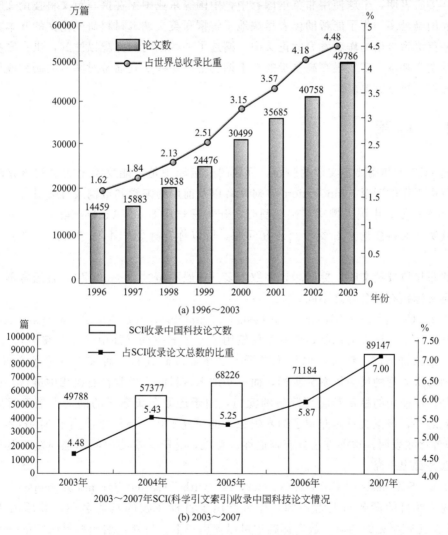

(a) 1996～2003

2003～2007年SCI(科学引文索引)收录中国科技论文情况

(b) 2003～2007

图 11-1 我国 SCI 收录论文发表数量的统计

从图 11-1 中可以看出，在 20 世纪末至 21 世纪初的几年中，我国 SCI 收录论文发表数量较大，增速也较快。进入 21 世纪后，国内科技论文发表在注重数量的同时（2007 年发表 SCI 收录论文 8.9 万篇），也进入了质量提高阶段。有这样几个实例：有人曾做过统计，1996 年，中国大陆在全球顶尖级化学刊物 *J. Am. Chem. Soc.*（美国化学会志）发表论文 2 篇，2006 年已达 100 篇；2004 年，*J. Am. Chem. Soc.* 的主编 P. Stang 教授在澳大利亚的一次学术会议上，分析了近期全球在 *J. Am. Chem. Soc.* 和 ACS（美国化学会）系列刊物上发表论文的统计结果，当时他仅仅两次提到的发展中国家都是中国；2008 年在天津南开大学召开的中国化学会第 26 届学术年会，美国化学会、英国皇家化学会的主席以及 *Angew. Chem. Int. Ed.*（德国应用化学）杂志的主编都出席了会议。据最新统计，我国的 SCI 收录论文年发表数量已居全球第二，但质量上仍有很大的上升空间。

显然，包括纳米材料在内的我国科技研究水平还存在诸多不足，最主要还是缺乏较多的原创性研究成果，这需要长期的积累和努力。

一篇优秀科技论文的发表，不仅需要很好的科研成果、数据，文章的成功写作也是十分重要的。事实表明，全球使用非英语国家中，中国等东亚国家在撰写英文科技论文时，遇到的问题和困难最多。为了能帮助读者尽快地了解撰写英文纳米材料研究论文的基本方法，我们从一些英语为母语的作者发表的论文中，摘选了一些例句，并配以注解，供大家参考。摘选的这些文章基本上都发表在高质量的学术期刊上，这些期刊通常对文章的研究成果和写作质量同时都有严格的要求。

11.1　标题

标题（title）和摘要是文章的脸面，标题的确定原则是：能反映论文中的研究内容，体现出文章中工作的新意（innovation），对读者以及前期的编辑和审稿人有吸引力。

20 世纪后期，中国人撰写英文标题时，开头喜欢用 Study（Investigate）on……这样的写法，其实任何科技论文都要涉及研究问题，所以你在标题中不写"研究"二字，人家也知道。

中文写作科技论文时，标题忌讳字数太多（一般不超过 20～30 字），且通常不用标点符号，而英文标题有时会与之不同。

范例 1　Completely "Green" Synthesis and Stabilization of Metal Nanoparticles

这是一个十分诱人的标题，作者不仅使用了 Green 一词（加引号意为突出），而且还用 Completely 修饰该词。针对金属纳米粒子，之所以该研究是一种完全的绿色合成和稳定，首先是因为所采用的反应体系为水相，而一些纳米材料的合成常在有机相中进行；更深层次的原因是，所使用的稳定剂是可降解的淀粉，用于还原金属离子的助剂也是无污染的葡萄糖。除此之外，该论文只是介绍了纳米银粒子的研究工作，但标题使用了 Metal Nanoparticles，作者意在表明，这种方法具有普适性。总之，这篇文章使用的标题很短，但几乎每一词汇的选择都很考究。

范例 2　Synthesis of CuInSe₂ Nanocrystals with Trigonal Pyramidal Shape

此论文题目的命名与上者不同，作者给出了目标产物的具体名称，其原因主要在于 CuInSe₂ 是比较罕见的物质，放在标题中可以突出一下。另外，纳米材料研究的一个重要方向是产物的形貌问题，作者使用了 Trigonal Pyramidal 这样的修饰，以引起人们的关注。

范例 3　Deposition of Bismuth Chalcogenide Thin Films Using Novel Single-Source Precursors by Metal-Organic Chemical Vapor Deposition

这个标题略长，它包含，所制备的目标产物：Bismuth Chalcogenide Thin Films；方法：Chemical Vapor Deposition；原料：Metal-Organic。但标题的核心是 Single-Source Precursors，意为用一种（即唯一）的原料制备金属硫化物和硒化物，而这两类化合物传统的合成方法都需要两种及更多的反应物。

范例 4　Facile Sonochemical Synthesis of Highly Luminescent ZnS-Shelled CdSe Quantum Dots

这个标题包含，所制备的目标产物及其结构：ZnS-Shelled CdSe Quantum Dots；产物性能：Highly Luminescent。但最突出的是对制备方法 Sonochemical 进行描述的一词 Facile，Facile 意为方便的，较为常用。与之相似，a pot（可翻成一步法）在论文标题或其他部分中也较为常见，以突出制备方法之简便。

11.2　摘要

看完标题后，如果对你的文章感兴趣，接下来很可能就要看文中的摘要（abstract）了。摘要的作用和标题大体相当，但写作难度更大，主要是摘要是标题的进一步细化，摘要的篇幅明显长于标题。

以往，中国人撰写摘要时，由于受英语教育模式单一等因素的影响，几乎都统一采用被动语态，然后按论文中的内容顺序，流水账般地叙述一遍。以下是一篇中国作者撰写的纳米材料制备论文中的摘要，内容依次为：如何制备、用什么仪器表征、实验结果、机理讨论等。

TiO$_2$/ZrO$_2$ binary oxide film was self-assembled using anionic surfactant [sodium dodecyl sulfonate (SDS)] as template and obtained at the air-water interface. X-ray diffraction (XRD), scanning electron microscopy (SEM), and transmission electron microscopy (TEM) were used to characterize the obtained film. The film was composed of many lamellar nanorods with a d spacing of 3.2 nm, and the lamellas were perpendicular to the lengthwise position of the rods. The energy-dispersive spectrum (EDS) was used for determining the titanium/zirconium atomic ratio. After being calcined, the sample decomposed to a mixture of anatase titania and tetragonal zirconia, and all the lamellar structure was broken.

应该说，这样的写作模式虽不存在什么太多的过错，但这只是一种传统的摘要写作方式。要想进一步提高摘要的写作水平，或者说根据文章的具体内容去改变一下自己的摘要写作风格，参考他人是可取的。

范例 5　（编号接上一节）Semiconductor nanocrystals were prepared for use as βuorescent probes in biological staining and diagnostics. Compared with conventional βuorophores, the nanocrystals have a narrow, tunable, symmetric emission spectrum and are photochemically stable.

这种摘要写法的特点为，并未像上一例摘要那样刻意叙述目标产物的制备方法，而是强调所制备目标产物的用途，接着进一步突出了目标产物的优良性能。注意，作者在表述目标产物的优良性能时，也并未使用 excellent property 等词汇，而是将这一含义潜藏在对比性的描述中。该范例中的内容主题依次涉及制备什么、为什么要制备和最后的结果共 3 个层次，过渡很快。

范例 6　We report a method for the preparation of colloidal ZnO-diluted magnetic semiconductor quantum dots (DMS-QDs) by alkaline-activated hydrolysis and condensation of zinc acetate solutions in dimethyl sulfoxide (DMSO).

这种写法通常出现在摘要的开始，为主动语态表述。这种写法现已很常见，report 一词也可用 present 替代。在国内过去的一些英语教学课程中，摘要中制备方法的描写是大力提倡甚至严格规定要使用被动语态的。

范例 7　Wurtzite ZnO nanocrystals capped with trioctylphosphine oxide or alkylamines are synthesized and characterized. These ZnO nanocrystals can be made n-type either by electron transfer doping from reducing species in solution or by above band gap photoexcitation with a UV lamp. The n-type nanocrystals exhibit a strong intraband infrared absorption, an extensive bleach of the interband band-edge absorption, and a complete quenching of the photoluminescence.

该范例与范例 5 有不少相似之处，该范例共有 3 个句子，第一句中的主题内容是高度压缩的，除了介绍所要制备（包括表征）的目标产物的名称和晶型（Wurtzite）之外，还简介了化学制备方法，即 capped with trioctylphosphine oxide or alkylamines 表述了论文中化学制备方法的核心思想。作者把写作分量放在第二、三句上，较为详细地介绍了研究对象的物理性能。显然，这篇文章摘要中的内容包括化学和物理两大部分，作者可能考虑到读者的学科背景（应该是偏化学居多），介绍研究内容时侧重点不同。另外，exhibit 一词在科技论文中较为常见，并有较多同义词或近义词，可见本章后续内容。

范例 8　The synthesis of ordered mesoporous metal composites and ordered mesoporous metals is a challenge because metals have high surface energies that favor low surface areas. We present results from the self-assembly of block copolymers with ligand-stabilized platinum nanoparticles, leading to lamellar CCM-Pt-4 and inverse hexagonal (CCM-Pt-6) hybrid mesostructures with high nanoparticle loadings.

该范例与前面范例的相似之处不再重复，但有两点值得注意：一是 challenge 的使用，它突出了研究工作的价值和意义；二是 leading to（导致）引出了较长短语，这种写法可替代独立的句子或从句，较为简便，值得仿效。lead 一词在科技论文中较为常见，并有多种用法，可见本章后续内容。

范例 9　This method, which forms high-spatialfrequency arrays using a lower-spatial-frequency template, will be useful in nanolithography applications such as the formation of high-density microelectronic structures.

该范例的特色是很容易看出的，但往往它又是我们不太习惯使用的写作方法。在这里，主句还是陈述某种方法的研究价值，但作者选择从句作插入语，来描述这种方法的特点。

范例 10　A morphology diagram was developed to determine the range in composition and molecular weight over which this morphology existed. Macroscopic alignment of these materials gave anisotropic monoliths that were subjected to mild degradation conditions leading to the chemical etching of the PLA.

最后一个摘要范例将两个用法，一个是 was developed to determine，developed 可被 employed 替代，developed 和 employed 在科技论文中（不仅仅是在摘要中）都很常用，determine 也可换成其他动词；were subjected to 结构在科技论文中也是时常遇到的，意为"以……为条件"，相似于 based on 的用法，在科技论文中，based on 更为常用。

11.3　前言

　　一般地，前言（introduction）由所涉及研究工作的意义、前人在该领域取得的研究进展和本文即将开展的研究工作简介共 3 部分组成。

　　范例 11　（编号接上一节）Wide bandgap semiconductor nanocrystals have attracted significant attention in the past few years because of their sizedependent properties and diverse applications. In particular, ZnS is an important phosphor host material and, when appropriately doped, can exhibit luminescent properties.

　　此范例具有一定的经典性，首先是研究主体为 Wide bandgap semiconductor nanocrystals，而 have attracted significant attention 是常用的表述方法，其中 significant 有时也可用 great 等替代；紧随其后的是该研究热已持续的时间，few years 为几年，如 10 年、20 年可用 decade，two decades 等等；because of 后接短语说明原因，这很好理解；In particular（或 especially）作为强调的用法在科技论文中很常见；被强调的是 Wide bandgap semiconductor nanocrystals 中的 ZnS，为什么是 ZnS？ZnS is an……这一包含插入短语的结构写得很漂亮。

　　范例 12　Semiconductor nanocrystals are interesting candidates as new light-absorbing materials for photovoltaic devices (PVs).

　　这一简单句包含了较多的信息，研究主体 Semiconductor nanocrystals 是 interesting candidates，此处 candidates 的用法是有意思的，很值得学习借鉴，而紧随其后的 as……和 for……两个短语是对该研究工作详细的、渐进式的说明。

　　范例 13　PbSe quantum dots (QD) exhibit size quantization at relatively large crystal size (smaller than ca. 70 nm) due mainly to the small reduced effective electron/hole mass and, to a lesser extent, to the high dielectric constant which screens the electron/hole Coulomb interaction (this interaction opposes the charge localization).

　　从这个范例中可以可出，作者是很有可能要去研究 PbSe 这种纳米材料的，该段中主要介绍了 PbSe QD 的一些重要物理性质。在这里，作者使用了 due to 这种用法，要关注的是，文中将 mainly 插入其间；due mainly 后面接有 3 个并列短句。

　　范例 14　Recently, the preparation of tailor-made functionalized polymers for self-assembly has been markedly advanced by the developments in controlled radical polymerization (CRP) techniques.

　　该范例是对某一研究领域工作进展的描述性写作，尽管它不长，但模仿这种写作是有一定的难度的。首先，研究工作的主题是 preparation，作者没有刻板地立即给出所制备的目标产物具体名称，而是用了 tailor-made functionalized polymers 这样的描述，以凸显研究的意义，后面的 for self-assembly 则是对研究的意义的具体化表述。在谓语结构中，作者进一步点明了制备手段是 controlled radical polymerization (CRP) techniques。连接这两者的 has been markedly advanced by the developments 是一种较为复杂的表达习惯。

　　范例 15　A wet chemical approach is desired for reasons of processing cost when compared with gas-phase methods, and a number of patterned and seeded growth methods have been reported.

　　该范例与范例 14 有相似之处，即在的不长的句子中包含了较为丰富的内涵。作者旨在突出 wet chemical 的优点，所接连采用的 3 种写作方法 is desired，for reasons of，when compared with 都是值得仿效的。后面的 a number of patterned and seeded growth methods 是对 wet chemical approach 的一些详细说明，其中 approach 在科技论文中为常用词，相当于 study 和 investigation 等。另外，have been reported 也可用 have been known 甚至 have been well known 替代，后者的反义表达为 have been poorly known.

　　范例 16　CRP allows for the synthesis of well-defined block copolymers with tunable molecular weights（Mn）and narrow polydispersities（Mw/Mn）for applications in self-assembly.

　　该范例也是强调 CRP 研究的意义，作者所用的 allow 一词在科技论文中是很常用的，后面的谓语结构则包含了将要研究的主题：目标产物的合成、结构特点和应用价值等 3 个方面。

　　范例 17　An alternative approach which has been recently reported by McQuade uses a urea polymeric shell for catalysis and affords soluble catalytic polymeric microcapsules which are created via sequestration of latently functionalized polymers to allow for further capsule modification.

　　范例 17 是作者在前言中，对他人（McQuade）工作进行较为详细评述的句子，其中使用了两个从句结构，评述是正面的，可从 alternative 一词的使用中看出。句中 created 可用 made，produced 等替代，但使用 created 更能突出新义。最后还要说明的是，在前言中，限于篇幅等原因，对他人工作进行介绍通常是简捷、中性的。

　　以下 4 个范例（18～21）是前言中最后的部分——作者对自己工作的简介，这些简介所涉及的内容与摘要、结论中的部分内容是相同、相近的，要注意的是，所使用的表达方式在这 3 个区域不要相同，而应各自采用一种写作方式。

　　范例 18　Our interest is in the application of more directional and stronger metal-ligand interactions to form more robust block copolymers to allow access to better defined and diverse nanostructure morphologies.

　　范例 18 为作者在前言中介绍过所涉及研究工作的意义、前人在该领域取得的研究进展之后，向自己的研究工作进行过渡的描述，其特点是，主语结构很简单，但谓语部分却用了复杂的介词短语和动词不定式短语结构。

　　范例 19　We describe here a topographical graphoepitaxy technique for controlling the self-assembly of BCP thin films that produces 2D periodic nanostructures with a precisely determined orientation and long-range order.

　　范例 18 与范例 19 比较相像，但后者是比较好模仿的和好理解的。范例 19 将 here 放在了居中，而不是常见的放在 We describe 之前（此时更多的用 herein）。另外，describe 为常用词，有不少同义、近义词，可见以下内容。

　　范例 20　In this initial work we highlight the potential of this strategy toward the synthesis of more complex functional and catalytically active phase-separated nanoreactors.

　　此范例中 highlight（强调），strategy（策略）都是十分地道和常见的科技英语用词，类似用于介绍自己工作的句子还有 In this article，our basic experimental strategy is to undertake……。此外，该范例中 toward 构成的介词短语也是值得关注的。

范例 21　The method reported in this work represents a significant departure from previous nanocage synthesis reports due to the potential versatility in tailoring the nanocage to present different functionality within the shell interior.

此范例中 significant（有时也用 remarkable，striking），represent（该词有多种替代，见后）为常见的科技英语用词。departure from 意为"偏离"，是作者接下来将要报道的研究内容中的核心。

11.4　实验部分

实验（experimental）分为试剂（chemicals）介绍及其处理、合成（synthesis）与制备（preparation fabrication）、结构和性能表征（characterization）等 3 个主要部分。

范例 22　（编号接上一节）Tetrahydrofuran（THF，99%），methanol（99%），and all other chemicals were used as received from Aldrich, Fluka, and Acros unless otherwise stated.

该范例中所提到的从 Aldrich，Fluka，and Acros 等生产商那里获得的试剂，除非特别注明，一般都是直接使用。范例 22 中的表述很常见，也很有必要。还有，这里 received 经常用 purchased（购买）替代。另外，这种表述也可用于化学反应 Unless otherwise stated, all reactions were performed under an atmosphere of dry nitrogen using standard Schlenk techniques.

范例 23　AIBN was twice recrystallized from methanol and stored in the dark at 4℃. t-Butyl acrylate and styrene were distilled over CaH_2 and stored at 4℃. Ethylene oxide（Aldrich）was purified in the same manner as styrene.

对应范例 22，范例 23 为试剂的处理描述，涉及重结晶、蒸馏、除水和储存等手段，其中后一句写得很简练，尤其值得仿效。

范例 24　To a suspension of 2,6-bis（pyrid-2-yl)-4-pyridone（2.5g，10.0 mmol）and K_2CO_3（4.9g，35.5mmol）in anhydrous DMF（30mL）at 50℃ under N_2，a solution of 4-vinylbenzyl chloride（2.28g，15.0mmol）in anhydrous DMF（20mL）was added dropwise. Stirring was continued at 50℃ for 2 days, after which the mixture was poured into 250mL of cold, deionized water（250mL）and extracted with CH_2Cl_2（5×150mL）and washed with brine（5×150mL）.

该范例由 2 个句子组成，第一的句子是倒装结构，适合描述两种比较复杂成分的混合，其中 added dropwise 意为滴加。第二句中使用了从句结构，如果将 after which 换成 and then 也是可以的。

范例 25　Similar depositions may be conducted in other templates, including polymer templates with more uniform pore structures, and AAO templates.

此处值得一提的是，conducted 在表达实验内容等的环节上是十分常用的一个动词，类似的有，Measurements were conducted at 25℃ at various angles ranging from 50° to 140°和 X-ray powder diffraction studies were conducted on samples 等等。在这些结构中，conducted 也可用 performed，made 等替代。对于仪器测试，还有一种用法 The IR spectra were collected on a Nicolet Magna-IR Spectrometer 550.

范例 26 The film was allowed to dry in air prior to analysis.

此部分最后的内容再归纳几条比较好的用法，范例 26 意为：薄膜在分析前须在空气中干燥。moderate stirring 意为温和的搅拌，如果用 slow stirring 表达同样的意思，可能没有前者正宗。这个句子是描述 TEM 制样的：Samples were prepared by scraping the films from the glass substrates and floated onto TEM grids from water.

11.5 结果和讨论

结果和讨论（results and discussion）在论文中占有最长的篇幅，论文中研究工作的主体思想将在这里得到具体体现。因此，本部分安排了最多的范例（共 16 个）。

范例 27 （编号接上一节）Analysis of the sample by TEM (Fig. 2C) revealed that amesostructure had formed.

此例句是科技论文结果和讨论部分一种最为常见的表达形式，动词 reveal 还可用 show、illustrate、describe、represent、present、display 和 exhibit 等替代，时态多用现代时，例如：

The vis-NIR electronic spectrum of sample1 (Figure S2) shows three very intense, broad absorption bands in the 400-1200 nm range.

范例 28 Clear evidence for the increase in micelle length was revealed by dark-field TEM analysis (Figure 1).

此例句与范例 27 有相似之处，只是将主动语态改为了被动语态，该范例中的动词还可用 known 等替代。另外，例句中以 evidence 为核心的主语结构具有较为丰富的内容，值得关注。类似的结构还有，

In the case of……, there is clear evidence for……

范例 29 One striking feature of this figure is……

此例句还是侧重主语结构，One striking feature 的应用是为了强调相关结果的重要性，所用词汇也较为常见，易掌握。另外，还时常用 typical 和 representable 等词汇修饰一实验方法、实验结果（谱图等），以强调其重要性或典型性。

范例 30 High transmittance regions of optimized films could be employed to increase the efficiency of devices such as flat panel displays, light emitting diodes, and solar cells.

此例句较长，对研究工作的意义进行了清楚的阐述。其中最值得推荐的是 be employed to（接不定式）结构，它在科技论文的多处都可使用，常用于摘要等处介绍实验手段，如材料的制备方法和结构表征手段的介绍，但该范例 be employed to 的使用却是另一种风格。

范例 31 This size sensitivity is one aspect of the "cluster" problem.

这是一较短的简单句，所推荐的是 aspect 一词的使用，它是理解或表达该句子含义的关键词汇，它在科技论文中是一十分正宗、使用灵活、经常出现的词汇，应引起重视。Among these systems, the self-assembly of thin films of block copolymers (BCPs) has many attractive aspects resulting from the intrinsic ability of BCPs to generate uniform and periodic nanoscale structures in parallel over large areas by microphase separation. 在此，aspect 与纳米材料研究中更为常见的 morphology 一词同意，但 aspect 有时表达了更为深刻的含义。

范例 32 We confirmed the crystal structure of BCH and lauric acid-coated BCH-LA films by X-ray diffraction (XRD).

该句子中的 confirmed 可用 verified 等替代。如果该句子用范例 30 中的句型描述，则可写成 We employed X-ray diffraction（XRD）to confirm the crystal structure of BCH and lauric acid-coated BCH-LA films 或者 X-ray diffraction（XRD）was employed to confirm……

范例 33　Indeed，the addition of small amounts of dba completely inhibits the reaction.

Indeed 一词在科技论文中也较为常用，用于强调所关联句子的重要意义，引起读者的注意。类似的句子还有 Indeed，to investigate a new subject in the material science and nano-science areas，some attention has been put into the research of inorganic films located at the air-water interface。

范例 34　contact and adhesion of vesicles would appear to be followed by coalescence and formation of a central，connecting wall.

科技论文中对实验结果、现象等进行描述，尤其是进行原因分析时，如把握不准或为了留有余地，可用该范例中的动词结构，类似的动词及结构还有 may，might，seems to be 等，还可用 suggest，propose 等书写相似句子（见范例 41）。

范例 35　A special effort is made to detect the structure of as-deposited films.

此句虽然不长，但其中 a special effort，is made to detect，as-deposited films 都分别是科技论文书写常用的搭配，尤其是 a special effort 的应用可有多种变换，如 A special effort is made to explain……

范例 36　It has been extremely well characterized.

科技论文中如果出现用 extremely 进行强调性修饰的副词结构（如 extremely well），则表明作者意在提示相关内容为论文中的一个亮点，类似的句子还有 Furthermore，the sub-units in the particle are easily turned into free material and are comprised of hexagonal single crystal slices with an extremely large relative surface area of（001）and（00-1）facets.

范例 37　As noted in the Introduction，bulk CHN compositions of CN_xH_y materials are variable and dependent on the precursor choice and synthetic conditions.

此范例中的 As noted 还是意在突出强调或重复某一重要问题。类似的用法还有 It should be nated that ……，notably 等，还有 a noteworthy method 等。

范例 38　Thus，all the spectroscopic evidence lead us to the conclusion that there are no agostic interactions between Pd and H atoms of the N-methyl groups

lead to 的用法本章前面已做过介绍，现在又一次出现，这是因为该固定搭配在科技论文中出现频率很高，且用法及摆放位置灵活。范例 38 中 lead us to 的用法给人又一启发。

范例 39　In agreement with our proposal，treatment of PhZnBr with a *catalytic* amount of 1（10 mol ％）under an atmosphere of CO_2 resulted in the desired benzoic acid in ＞95％ after acidic workup（entry 2）.

科技论文书写时，如要谈及有关"实验结果吻合性"的问题，in agreement with 是一常用的词组，类似的表述还有 This agrees with result，is coincident with 等。有关表述还可进一步加以修饰，如 in well agreement with 或 in rough agreement with，is roughly（well）coincident with。

范例 40　We examined the stability of the orange-tan TCM-CN_xH_y in 3 M aqueous KOH. While this solid is unreactive in KOH at room temperature，upon heating to reflux temperatures（～102℃）for several hours，the powder completely dissolved/decomposed to form a dark orange solution.

范例 40 包含简单句、从句和插入短语，其中 examined，while，upon，to form 等词汇和动词不定式的应用恰到好处。总之，该范例阅读起来让人感觉到是流畅易懂的，首先，简单句是一个铺垫，后续从句进一步介绍了具体的内容。

范例 41 Both slices and fragments in Figures 2，3 and S3 are all present the same electron diffraction (ED) patterns. This suggests they are highly crystalline like a single crystal.

该范例展示了一种前因后果的关系，第一个简单句叙述的是原因，第二个简单句则以此推测可能的结果。除了 This suggests 这种常见用法外，This may be due to……，This seems to ，This is estimated to be 等的使用也有类似含义。

范例 42 To our knowledge, this oxide-based multiring nanostructure has never been reported before.

此范例在结果与讨论、前沿、结论等论文多处都可用，无非是想要说明研究工作的意义，但使用这样的描述一定要谨慎，作者必须对所涉及的研究领域、研究方向相当熟悉，或者做过大量的文献调研。类似相对委婉描述的句子还有：However，so far（或 to the data），there has been only limited study of ZnO films by CBD in the presence of a polymers stabilizer。

11.6　结论

如前所述，结论（conclusion）中的部分内容与摘要、前言中的一些内容是相似的，但结论中的有些内容还是有着自身特点的，以下将分别介绍。

范例 43 （编号接上一节）We have developed a new and facile procedure for the synthesis of colloidal ZnO and transition-metal-doped ZnO nanocrystals.

在结论中，如果使用完成时态（尽管在摘要、前言中不做严格限制），应该更具有总结和概括的意义。在结论写作中，developed 还可用 established 等替代，如建立了新的方法（method）、机理（mechanism）等。

范例 44 In summary，the reported nucleation and growth process provides a new route toward the production of ZnO micro and nanostructures at known locations（0.7% STD）with welldefined dimensions（<1% STD）. The process produces high quality ZnO where deep-level radiative defects are eliminated.

In summary 经常作为结论的开头，给读者以提示。此段落中 provides a new route…… 在结论中也是很常用的，用于说明研究工作的成功之处，route 还可用 passway 等词替代。当然，成功之处不能过于简单的叙述，此范例中的后三分之二的内容都为进一步的补充。

范例 45 The results of our mechanistic studies demonstrate that the coordination chemistry of the dopant ion strongly influences both the nucleation and growth of ZnO nanocrystals，even at low dopant concentrations and in cases of excellent dopant/host compatibility（e.g.，Co^{2+} in ZnO）.

此范例的语法结构较为简单，其中 demonstrate 一词在科技论文中是很常用的，它后面连接的从句提炼了论文研究工作取得的成果。其中，strongly influences，even at 等都是带有渲染性的写作方式。

范例 46 It is these studies that promise to occupy much of our time and，we hope，the time of others interested in the self-assembly synthesis of transition-metal nanoparticles and metal films or the broader topic of self-assembly in general.

范例 46 首先使用了 It is……that 这种强调句型，promise（预示）也是一个常用科技词汇。该范例可能属于很专业的写法了，全句的大意是，与论文有关的研究工作将来还大有潜力可挖。显然，这样的描述放在结论中当然是十分合适的。

范例 47　Nanorods of other metals that require nonaqueous solution for electrodeposition template synthesis, such as titanium, may also be fabricated in this way.

这句话中的关键词是 other metals，该论文的研究工作应该是某种金属纳米棒（Nanorods）的制备（采用 electrodeposition template synthesis 方法），作者在结论中预言这种方法也有可能推广到其他金属体系中。这种"重视推广"的写法也是值得参考和借鉴的，它具有锦上添花的作用，是结论的一个重要特点。

范例 48　Controlled formation of the moire′ nanomasks and superlattices with the use of BCP films will be addressed in our future studies.

结论中的最后一个范例通常也出现在结论的最后，如果有作者觉得自己论文中的一些工作还不完善，将来会继续深入或补充时，可套用这样的写法，其中在此句中使用 addressed 一词是很专业的。在结论中，"展示未来工作"的写法也是比较常见的，又如 Such processes are neglected in the present model, but may be incorporated in future studies.

11.7　其他部分

科技论文的写作还包括致谢（acknowledgment）、参考文献（references）等，一些较大影响力的杂志还要求有目录插图 TOC（table of contents）graphic abstract，补充性内容（supporting information）甚至作者的个人简历等。其中，目录插图可为正文中最具代表性的图片、表格，也可以不是正文中的而专门为 TOC 制作的；为减少每篇文章的页数，增加杂志的论文容量，同时又考虑到文章所包含的信息量，一些杂志可在网上附加上同一报道中的其他内容，这就是 supporting information。

范例 49　（编号接上一节）The authors acknowledge the assistance of Mr. Matthew Stanford（University of Warwick）for MALDI-ToF MS analysis, Mr. Jared Skey and Dr. Jeremy Skepper（University of Cambridge）for TEM analysis, and Dr. Kevin Jackson（Wyatt Technologies）for SLS assistance. The authors thank Professor Sir Richard Friend（University of Cambridge）for valuable discussions and also thank the elemental analysis and mass spectrometry service（University of Cambridge）for their invaluable help. The authors thank the IRC in Nanotechnology, the Royal Society, and Downing College for funding.

致谢在几乎每一篇论文的结尾处都是必要的，这一作为范例的致谢篇幅较长，3 个句子分别代表了致谢中常见的 3 种情形。第一个句子是作者感谢有关人员在仪器测试方面给予的帮助；第二个句子是作者感谢有关人员的其他帮助（包括 discussions 和仪器测试），其中 valuable discussions 有时也用 useful discussions，两者都很常用；第三个句子是作者感谢有关基金的支持，需要补充的是：在很多情况下，要加上基金号，有时更常用 This work is supported by XX 基金。

另外，thank 也常用 be grateful to 等替代，thank 之前也常加上 wish to 或 would like to

等富有感情的修饰。

范例 50　Peter J. Stang was born in 1941 in Nüʳrnberg，Germany，raised in Hungary until 1956，and educated in the United States. He earned his B. S. degree in Chemistry from DePaul University in Chicago in 1963 and Ph. D. degree from the University of California at Berkeley in 1966. After NIH postdoctoral work at Princeton，he joined the faculty at the University of Utah in 1969 where，since 1992，he holds the rank of Distinguished Professor of Chemistry and has served as Department Chair from 1989 to 1995. His research interests over the years involved reactive intermediates such as vinyl cations and unsaturated carbenes，organometallic chemistry，strained ring systems，and，most recently，polyvalent iodine and alkynyl ester chemistry. His current efforts focus on using coordination and chelation to construct supramolecular species via self-assembly.

最后是 *JACS* 的主编 P. Stang 教授的简历节选，第一句中的 3 个国家分别是他出生、生长和接受教育的地方。随后的内容是他的学习和获得学位，以及工作的经历。需要补充的是，外国学者在介绍自己的博士阶段学习和博士后阶段等工作经历时，有时要署上导师的姓名，表达方式有 with XX Professor 或 supervised by XX Professor。在介绍他的科研经历和内容时，分为概述，最近的工作和目前的工作共 3 个部分。总之，书写一份语言上很规范的个人简历对于求知、求学、求职等都是十分重要的。

总之，对于初次或早期接触英文科技论文写作的人而言，掌握一些重要的写作范例往往是十分必要的。其实，在国内已有不少研究生导师采用了这一收效比较快的做法，如有的博士生导师要求自己的学生必须精读 10～20 篇外文文献等的做法，都是有道理的。最后要说明的一点是，学习和借鉴人家一些正宗的写作方法，并不是大段大段的去抄袭人家的文章，这两者是有着严格区分的。

思考题与习题

1. 科技论文中的 SCI 是什么概念？影响因子（impact factor）又是什么概念？
2. 涉及科技论文出版的著名网站有哪些？
3. 涉及物理、化学和材料等方面的学术刊物有哪些？
4. 通过本章有关范例的学习，总结科技论文中标题和摘要写作的基本方法。
5. 通过本章有关范例的学习，总结科技论文中前言写作的基本方法。
6. 通过本章有关范例的学习，总结科技论文中结果和讨论写作的基本方法。
7. 通过本章有关范例的学习，总结科技论文中结论写作的基本方法。
8. 图 11A 为一 TOC，根据此图并结合本课程的知识，分析相关研究工作的基本内容。

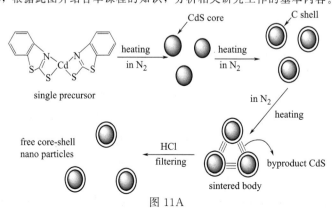

图 11A

9. 分析以下范例在科技论文中的可能位置。

(1) Our analysis opens the way to accurate structural studies of biomolecules and biomolecular complexes using multicolor quantum labeling.

(2) Measurements performed as described in Supporting Information revealed that the SAVQD585 were fairly spherical, with an average diameter of 18.1 (1.3nm), whereas the SAV-QD655 were clearly oblong, with a long axis of 25.2 (2.5nm) and a short axis of 16.5 (2.1nm, Figure 3).

(3) As shown in Figure 4, the wavelength of peak reflectance shifts from 428 to 503nm (from blue to green) by melt blending sample 2 with a low molecular weight LLDPE random copolymer (20 wt %, density 0.91g/mL) and a paraffinic oil (20wt%).

(4) This concept, combined with recent simulations that emphasize the role of fluctuations on the order-disorder transition, suggest that accurate predictions of polydisperse BCP phase behavior will require more complex models than monodisperse systems.

10. 以下范例可用于科技论文中的多个位置,分析句子结构及用词特点。

The fundamental motivation for the fabrication and study of nanoscale magnetic materials is the dramatic change in magnetic properties that occurs when the critical length governing some phenomenon (magnetic, structural, etc.) is comparable to the nanoparticle or nanocrystal size.

参 考 文 献

[1] C. Kan, X. H. Liu, G. R. Duan, X. Wang, X. J. Yang, L. D. Lu. *Journal of Colloid and Interface Science*, 2007, 310: 643.

[2] P. Raveendran, J. Fu, S. L. Wallen. *J. Am. Chem. Soc.*, 2003, 125: 13940.

[3] B. Koo, R. N. Patel, B. A. Korgel. *J. Am. Chem. Soc.*, 2009, 131: 3134.

[4] J. Waters, D. Crouch, J. Raftery, P. O'Brien. *Chem. Mater.*, 2004, 16: 3289.

[5] S. K. Sarkar, S. Kababya, S. Vega, H. Cohen, J. C. Woicik, A. I. Frenkel, G. Hodes. *Chem. Mater.*, 2007, 19: 879.

[6] E. Hosono, S. Fujihara, I. Honma, H. S. Zhou. *J. Am. Chem. Soc.*, 2005, 127: 13458.

[7] I. Bita, J. K. W. Yang, Y. S. Jung, C. A. Ross, E. L. Thomas, K. K. Berggren. *Science*, 2008, 321: 939.

[8] D. E. Discher, A. Eisenberg. *Science*, 2002, 297: 967.

[9] S. C. Warren, L. C. Messina, L. S. Slaughter, M. Kamperman, Q. Zhou, S. M. Gruner, F. J. DiSalvo, U. Wiesner. *Science*, 2008, 320: 1748.

[10] H. Wang, W. J. Lin, K. P. Fritz, G. D. Scholes, M. A. Winnik, I. Manners. *J. Am. Chem. Soc.*, 2007, 129: 12924.

[11] A. O. Moughton, R. K. O' Reilly. *J. Am. Chem. Soc.*, 2008, 130: 8714.

[12] A. D. Ievins, X. F. Wang, A. O. Moughton, J. Skey, R. K. O' Reilly. *Macromolecules* 2008, 41: 2998.

[13] A. D. Ievins, A. O. Moughton, R. K. O' Reilly. *Macromolecules*, 2008, 41: 3571.

[14] M. J. Murcia, D. L. Shaw, H. Woodruff, C. A. Naumann, B. A. Young, E. C. Long. *Chem. Mater.*, 2006, 18: 2219.

[15] A. A. Green, M. C. Hersam. *Nano Lett.*, 2008, 8: 1417.

[16] A. S. Zalusky, R. Olayo-Valles, J. H. Wolf, M. A. Hillmyer. *J. Am. Chem. Soc.*, 2002, 124: 12761.

[17] F. Dawood, R. E. Schaak. *J. Am. Chem. Soc.*, 2009, 131: 424.

[18] B. Botar, P. Kgerler, C. L. Hill. *J. Am. Chem. Soc.*, 2006, 128: 5336.

[19] M. Shim, P. Guyot-Sionnest. *J. Am. Chem. Soc.*, 2001, 123: 11651.

[20] M. B. Jr, M. Moronne, P. Gin, S. Weiss, A. P. Alivisatos *Science*, 1998, 281: 2013.

[21] D. A. Schwartz, N. S. Norberg, Q. P. Nguyen, J. M. Parker, D. R. Gamelin. *J. Am. Chem. Soc.*, 2003, 125: 13205.

[22]　J. J. Cole, X. Y. Wang, R. J. Knuesel, H. O. Jacobs. *Nano Lett.*, 2008, 8: 1477.

[23]　M. B. Pomfret, D. J. Brown, A. Epshteyn, A. P. Purdy, J. C. Owrutsky. *Chem. Mater.*, 2008, 20: 5945.

[24]　C. Besson, E. E. Finney, R. G. Finke. *Chem. Mater.*, 2005, 17: 4925.

[25]　V. Luchnikov, A. Kondyurin, P. Formanek, H. Lichte, M. Stamm. *Nano Lett.*, 2007, 7: 3628.

[26]　S. Leininger, B. Olenyuk, P. J. Stang. *Chem. Rev.*, 2000, 100: 853.

[27]　J. R. Holst, E. G. Gillan. *J. Am. Chem. Soc.*, 2008, 130: 7373.

[28]　M. Kokotov, G. Hodes. *J. Mater. Chem.*, 2009, 19: 3847.

[29]　C. S. Yeung, V. M. Dong. *J. Am. Chem. Soc.*, 2008, 130: 7826.

[30]　D. B. Grotjahn, Y. Gong, L. Zakharov, J. A. Golen, A. L. Rheingold. *J. Am. Chem. Soc.*, 2006, 128: 438.

[31]　M. Kokotov, G. Hodes. *J. Mater. Chem.*, 2009, 19: 3847.

[32]　D. L. Leslie-Pelecky, R. D. Rieke. *Chem. Mater.*, 1996, 8: 1770.

[33]　J. Antelman, C. Wilking-Chang, S. Weiss, X. Michalet. *Nano Lett.*, 2009, 9: 2199.

[34]　P. D. Hustad, G. R. Marchand, E. I. Garcia-Meitin, P. L. Roberts, J. D. Weinhold. *Macromolecules* 2009, 42: 3788.

附录　部分思考题与习题参考答案

绪　论

1. 可自行搜索或参照本教材绪论中的内容。

2. 与 1996 年诺贝尔化学奖有关的研究工作为一例。

3. 与 2000 年诺贝尔化学奖有关的研究工作为一例。

4. （1）将目前普遍使用的技术精度从微米级提高到纳米级；（2）制备用于医疗、军事等领域的纳米机器。

5. 例如，装上纱窗。

6. 国内外学者普遍认为，纳米材料的研究虽属于新兴学科，但纳米材料的存在已有悠久历史。

第 1 章

1. 纳米材料的尺度一般大于原子但小于传统材料，其物理、化学性质在很大程度上也不同于原子和传统材料。

2. 1×10^7。

3. 与纳米颗粒的表面原子百分比有关。

4. 与纳米材料的表面效应有关。

5. 金属有转变为绝缘体的趋势。

6. 使用暗室等技术。

7. 现已成为纳米材料等材料的光学性质研究中十分重要的内容。

8. 应该接触过，比如催化、电子科学等。

第 2 章

1. 利用本章图 2-22 所示的概念。

2. 使用高压锅烹饪。

3. 物理方法：气体冷凝、溅射等；化学方法：稳定剂保障下的常规化学反应、电解等。

4. 抗氧化，控制原料的蒸气浓度。

5. 靶材选用金属钛，并向溅射体系中通入适量氧气。

6. 加入水等液体，可降温、隔绝空气。

7. 常规的液相无机化学反应通常都在水相中进行，利用有机物替代水作溶剂后，可避免水解反应。

8. 用盐酸或 NaOH 等处理。

9. 图 2-1 制备纳米材料的两个基本过程。

10. 反溶胶-凝胶法。

第 3 章

1. 可经过 XRD 仪器附属软件，或通过普通网络上搜索到的相关软件进行比对。

2. (1) b；(2) b；(3) 参阅本教材图 9-23 的讨论。

3. (001) 晶面上的 2 级衍射。

4. 物理学的函数关系式：显微镜的分辨率与光源波长成反比。

5. 依次为 (020) (200) (110) (220)。

6. 将此两参数分别看成直角坐标系中的 y 和 x 值。

7. 将纳米颗粒看成球体，利用球体的体积和表面积公式推导。

8. 防止高能电子束与空气作用。

9. 减少待操纵原子的热运动；防止空气中的分子撞击待操纵原子。

10. TEM 等；100nm；不能。

11. 波浪形。

第 4 章

1. EuSe；配位数均为 6；立方面心。

2. C_{6v} 点群；$P6_3mc$ 空间群。

3. 例如，六方晶型 ZnO 纳米棒可发现晶体是沿 [001] 晶轴生长的。

4. 0.513nm，利用布拉格方程（2 级衍射）。

5. 解题关键：C_{60} 为分子晶体。

6. 体心立方；简单立方。

7. ZnO 纳米棒的生成。

8. 锐钛矿型 TiO_2 (001) 晶面的大面积生长。

第 5 章

1. 反磁性物质：大多数非金属，一些金属；顺磁性物质：例如锂、钠等金属；铁磁性物质：例如铁等；反铁磁性物质：如 MnO 等；亚铁磁性物质：铁氧体等。

2. TG 测试时，到达居里温度时，可产生表观失重。

3. 可比较 3 者的关系，例如，矫顽力总要小于剩磁。

4. 参照本章图 5-10 的有关内容。

5. (1) 易磁化；(2) 图 5-31(b) 的顶端；(3) XRD，HRTEM，SAED 等。

6. 从顺磁性、磁畴、交换作用等方面考虑。

7. (1) 海龟头部含有的微量磁性纳米粒子可与地球磁场产生高度灵敏的感应；(2) 海归。

8. 6nm 以下时，表现为超顺磁性。

第 6 章

1. 能隙即为禁带宽度，此概念在半导体、光电信息、催化等研究领域都有重要应用。

2. 没有体现出能隙概念。

3. 此时的数字为 "0"，"1"。

4. 仅有几个 bit。

5. 体现对立，阴阳等可区分要素。

6. 属于高分子-高分子复合材料；成本极低。

7. 参照本章图 6-6 中的内容。

8. 仅有一个或者极少量电子工作的晶体管。

9. 容易产生形变。

10.（1）利用欧姆定律分析、计算；（2）约为 $5.0 \times 10^5 \Omega$。

第 7 章

1. 核酸、蛋白质中均存在氢键。

2. 蛋白质，核酸；DNA，酶，红细胞等。

3. 为碱基对中原子的总数。

4. 微观仿生学，光子晶体研究等。

5. 核酸位于细胞、病毒的中心位置。

6. 新型流感病毒等。

7. 原位、动态观察生命现象，新型医疗诊断等。

8. 卵细胞的去核；干细胞的获取。前者是原理的核心，后者是技术难点。

9. 经过上世纪初期到后期数十年的发展，人们观察微观世界的尺度从微米级发展到了纳米级，并且是通过最有意义的生命科学角度体现的。

第 8 章

1. 通常是 XRD 谱图中低角度范围有较为明显的衍射峰出现。

2. 73nm。

3. 半径过小，张力过大。

4. 至少五环结构的可行的。

5. 盐酸与超分子的氨基反应。

6. 范德华力、氢键。

7. 通过直角形、十字形配体中氮原子与钯离子配位形成。

8. 例如在自组装、药物输送等方面的应用。

9. XRD，TEM，BET 等。

第 9 章

1. 例如 C_{60} 的结构。

2. 简单立方。

3. 符合欧拉公式。

4. 苯分子可发生取代、加成等类型的反应，C_{60} 的化学性质以加成反应为主。

5. 加成反应；影响反应难易程度的因素：（1）单质的活性；（2）单质分子中的原子在生成物中的位阻大小。

6. 已实现。

7. 单原子层；制备石墨烯。

8．Si—O 键长为 0.16nm，利用三角函数、圆周率等概念求得孔的直径为 0.882nm。

9．亦有将之称为反尖晶石结构，即 A，B 离子所处的位置和配位关系完全相反于尖晶石。

10．为类似于金刚石结构的原子晶体。

11．属于原子晶体，为超硬材料。

12．催化，降低成本。

13．两种畸变分别代表"0"和"1"。

14．利用普朗克方程，2.55eV；2.31eV。

15．紫红。

16．青蓝。

17．$x=1$；$y=1$。

18．主要取决于阳离子半径对晶胞参数的影响。

19．创新往往取决于灵感。

第 10 章

1．高分散、低尺寸。

2．通过氢气、氧气在各自电极上发生失电子、得电子反应，形成电流。

3．固体酸催化水解反应。

4．主要方法分为：混合（如纳米材料增强高分子材料）、负载（如纳米催化剂）、包覆（如核壳材料）、沉积（如纳米复合薄膜）等。应用包括材料、化工、医学、电子等领域。

5．原因之一，可高效吸收电磁波。涂层中可能含有碳纤维、石墨等材料。

6．病毒可穿越薄膜；使用无机纳米复合技术。

7．杀菌、抗病毒。

8．超分子作用力。

第 11 章

1．全球有影响力的引文数据库。一期刊发表论文前两年内被引用总次数除以该期刊在这两年内发表的论文总数，在同一研究领域，影响因子高的论文，一般说来报道了本领域研究中的热点问题。

2．Elsevier，John Wiley，Springer，Nature，RSC，ACS 等。

3．一般为影响因子大于 5 的期刊，可通过网络检索。

4．标题和摘要的撰写都要突出研究工作的新意。

5．前言的撰写要突出研究工作的简史和意义。

6．结果和讨论的撰写要规范描述图表中的内容，并分析相关原因。

7．结论的内容相似于摘要，撰写时不能雷同，多阅读文献，从中寻找灵感。

8．描述了以配合物为单一前驱体，先后通过热分解和酸处理手段最终获得游离的，具有 CdS@C 核壳结构的纳米粒子。

9．（1）结论 （2）结果与讨论 （3）结果与讨论 （4）引言。

10．可出现在引言、结果与讨论、结论等位置。